初心者のための **橋梁点検講座**

橋の点検に行こう！

「**橋梁と基礎**」編集委員会＝編

橋の点検に
**必要な知識を
網羅！**
鋼橋・コンクリート橋の
点検ポイントと実例

建設図書

書籍のコピー，スキャン，デジタル化等による複製は，
著作権法上での例外を除き禁じられています．

序

　2012年12月に発生した中央自動車道笹子トンネルのコンクリート天井板落下事故の発生以来，わが国は社会インフラの維持管理一色になった感がある．これは高度経済成長期を中心に精力的に整備されてきた社会インフラが50年を経過してくる現状を考えると，極めて当たり前のことであるかも知れない．

　このような状況の中で，国土交通省は2014年7月告示の省令で，すべての道路構造物，すなわち橋梁，トンネル，ならびに道路附属物等に対して，国が定めた定期点検要領に従って，5年に一度の近接目視点検を実施することを義務付けた．

　わが国の橋梁は約70万橋，トンネルは約1万本である．この膨大な数の橋梁群の内，市区町村管理の橋梁は約7割を占めており，わが国の市区町村の管理責任は非常に大きなものとなっている．2014年度は国，高速道路会社，都道府県，市区町村併せて，橋梁全体の約9％の約6万4千橋の点検が実施されたが，今後は4年間で20数％ずつ点検を行っていく必要がある．

　国土交通省は道路構造物の近接目視点検の義務化と併せて，社会インフラの点検や診断を行う民間資格の認定にも着手し，橋梁分野においても2014年度，2015年度でかなりの数の民間資格が認定されるに至った．しかしながら，全国で毎年15万橋以上の点検を実施していくことを考えると，民間資格の保持者だけでは十分でないことは明らかである．また，橋の管理者側に関しても一定以上の基礎知識や技術力がないと，提出されてきた点検結果を理解することが困難な場合も多いと推察される．

　建設図書ではこのような状況を勘案し，初めて橋の点検に携わる方が参考にできるように，橋の点検の基礎知識に関する講座を「橋の点検に行こう！」と題して，2015年1月から7月まで，「橋梁と基礎」誌に連載した．この講座は，あくまでも初心者の方で，土木工学，橋梁工学を専門としない方々を念頭にまとめたものである．この点は通常の建設図書の企画とは大きく異なる点であるが，これも初心者の方に，最低限の知識を身に付けて，現地で的確な点検を行っていただきたいと考えたからである．今回，この連載を基に，本書を取りまとめた．本書が，多くの関係者の皆様の業務が，円滑に進んでいく一助となれば，誠に幸甚である．

「橋梁と基礎」編集委員会委員長

二羽淳一郎

発刊にあたって

2012年12月2日に発生した笹子トンネルの天井板崩落事故を契機に，社会インフラの劣化，点検の重要性がそれ以前に増して重要視されるようになりました．2014年3月には「道路法施行規則の一部を改正する省令」が公布，同年7月より施行され，橋長2m以上の橋梁について，5年に一度の近接目視点検が義務化されました．対象となる橋梁は日本国内に70万橋，このうち，50万橋以上が市町村の管理する橋梁といわれています．今までと同じ体制ではとてもこれだけの物量をこなすことは難しく，市町村をはじめ，今まで橋に携わっていなかった方々が，橋の点検に関わっていくケースが増えていくのではないでしょうか．

そのような背景を踏まえ，橋の専門誌「橋梁と基礎」では，橋梁点検に初めて携わる方が参考にできる資料を提供することを目的として，橋，ならびに橋の点検の基礎知識に関する連載，「橋の点検に行こう！」を企画し，2015年1月から7月まで，7回にわたり掲載いたしました．

本企画は，多くの読者に好評をいただき反響も大きかったため，より多くの皆様に読んでいただきたく，今回，単行本化いたしました．単行本化にあたっては，橋の点検に必要な損傷について理解をより深めていただくため，基本的な損傷の解説も新たに加えました．

橋の点検を始めるにあたっては，まずは橋に興味をもってもらうことが第一歩ですが，その次には実際に現地へ行って，橋の状態を橋の上からはもちろん，橋の下からも観察することが第二歩目であると思います．この本をご覧いただいた後，橋を下から見上げると，おそらく，今まで見えていなかった様々なことが見えてくるのではないかと思います．

読者の皆さん，この本をご覧いただいた後は，是非，皆さんの身近な橋の点検に行ってみましょう！この本が，橋の維持管理に携わる方々，これから橋の維持管理の世界に飛び込もうとしている学生の皆様たちの助けとなることを期待いたします．

「橋梁と基礎」編集委員会連載企画グループ

目　次 CONTENTS

1　橋の基礎知識

はじめに ·· 2
1－1 橋の基礎知識 ·· 2
1－2 上部構造 ··· 7
1－3 下部構造 ·· 16
1－4 道路橋点検要領 ·· 17

損傷用語解説
① 鋼材の腐食 ··· 18
② 溶接部の疲労き裂 ··· 19
③ 高力ボルトの遅れ破壊 ·· 20
④ コンクリートのひび割れ ·· 22
⑤ コンクリートの中性化 ·· 23
⑥ コンクリートのアルカリシリカ反応（ASR） ··············· 24
⑦ コンクリートの塩害 ··· 25
⑧ コンクリートの凍害 ··· 26

2　鋼橋の損傷と点検のポイント

はじめに ·· 28
2－1 点検の基本 ·· 28
2－2 点検の準備 ·· 30
2－3 点検の内容 ·· 32
　2－3－1 腐食損傷の点検の基本 ································· 32
　2－3－2 変形，ボルトの緩み・脱落の点検の基本 ··········· 34
　2－3－3 疲労損傷の点検の基本 ································· 34
2－4 鋼橋の損傷とその点検 ·· 38

目次 CONTENTS

3 コンクリート橋の点検のポイント

はじめに ·· 44
3－1 変状とその機構 ·· 45
3－2 コンクリート橋の点検のポイント ·························· 48
　3－2－1　点検の基本 ·· 48
　3－2－2　上部構造主要構造部位の着目ポイント ················ 49
　3－2－3　PC 橋に特有な損傷 ··································· 52
　3－2－4　下部構造の着目ポイント ···························· 55

4 コンクリート床版等の点検のポイント

はじめに ·· 60
4－1 道路橋の床版 ·· 61
4－2 床版の損傷と原因 ·· 62
　4－2－1　鉄筋コンクリート床版の損傷進行過程 ················ 63
　4－2－2　鋼床版と主な損傷 ···································· 64
　4－2－3　鋼・コンクリート合成床版と主な損傷 ················ 65
4－3 床版の点検 ·· 66
　4－3－1　RC 床版の点検・診断 ································· 67
　4－3－2　PC 床版の点検と診断 ································· 69
　4－3－3　PC 桁間詰め部の点検と診断 ·························· 70
　4－3－4　鋼床版の点検と診断 ································· 71

5 道路橋の点検

はじめに ·· 77
5－1 点検の前に必要な準備 ······································ 77
5－2 用語の意味 ·· 78
5－3 「道路橋定期点検要領」のポイント ························ 81

6 橋梁点検の実例（鋼橋編）

はじめに 89
6－1 橋梁点検作業の流れ 89
6－2 事前準備 90
　6－2－1 点検計画 90
　6－2－2 点検作業の準備 93
6－3 鋼橋の点検の実施 94
　6－3－1 点検時の動き方 94
　6－3－2 腐食の点検と評価 95
　6－3－3 ボルトの点検と評価 97
　6－3－4 疲労き裂の点検と評価 99
　6－3－5 RC床版の点検と評価 100
6－4 点検結果のとりまとめ 102

7 橋梁点検の実例（コンクリート橋編）

はじめに 105
7－1 点検計画 105
7－2 コンクリート橋の点検の実施 106
　7－2－1 コンクリート橋の特徴 106
　7－2－2 点検時の動き方 107
　7－2－3 コンクリート橋の点検の実施 107
7－3 点検結果のとりまとめ 115

あとがき 118
索　引 119

「橋の点検に行こう！」執筆者

1 **橋の基礎知識**
石井　博典　(株)横河ブリッジホールディングス
小林　秀人　清水建設(株)

2 **鋼橋の損傷と点検のポイント**
小西　拓洋　東京都市大学　総合研究所

3 **コンクリート橋の点検のポイント**
手塚　正道　東京都市大学　総合研究所
大石龍太郎　(一財)橋梁調査会　本部
中村　雅之　　　　〃　　　　東北支部
長谷川明義　　　　〃　　　　中部支部

4 **コンクリート床版等の点検のポイント**
髙木千太郎　(一財)首都高速道路技術センター

5 **道路橋の点検**
刑部　清次　(株)長大

6 **橋梁点検の実例（鋼橋編）**
竹田　達也　(株)長大

7 **橋梁点検の実例（コンクリート橋編）**
柿沼　幸夫　(株)建設技術研究所

橋の基礎知識

Basic Knowledge of Bridge Technology

　レインボーブリッジ，東京ゲートブリッジ，明石海峡大橋……．それらは日本の誇る代表的な橋ですが，本書で対象とする橋は，小さな河川を渡る橋，道路や線路を跨ぐ橋など，皆さんの生活のごく身近にある橋です．国内には橋が70万橋あると言われていますが，そのうちの50万橋以上は，橋の長さが15mに満たない小さな橋です．第1章では，これら身近な橋の基本的な構造や特徴を紹介します．

キーワード　点検
　　　　　　　維持管理
　　　　　　　近接目視
　　　　　　　鋼橋
　　　　　　　コンクリート橋
　　　　　　　基礎知識

はじめに
1－1　橋の基礎知識
1－2　上部構造
1－3　下部構造
1－4　道路橋点検要領

はじめに

　平成26年3月31日に「道路法施行規則の一部を改正する省令」が公布，7月1日から施行され，トンネル，橋などの道路施設について，5年に一度の近接目視点検が義務化されました[1]．これにより，今まで橋に携わっていなかった方々が，橋の点検にかかわっていくケースも増えるのではないかと思います．そのような背景から，初めて橋梁点検にかかわる方の助けになることを願い，本書「橋の点検に行こう！」を企画しました．1章では，2章以降の橋梁点検に関する知識の理解の助けになるように，橋に関する基本事項をまとめました．

1-1　橋の基礎知識

　広辞苑で「橋」を調べると，「おもに水流・渓谷・または低地や他の交通路の上に架け渡して通路とするもの」とあります．川を渡るための原始的な丸太橋を考えてみます．まず，両岸の丸太の支点となる軟らかい土の部分が丸太の重みで崩れてしまうのを防ぐため，石を敷き詰めて土台を造ります．次に，両岸の土台の間に，対岸まで渡せそうな丈夫な丸太を渡します（図-1.1(1)）．これが最も原始的な橋となりますが，幅の狭い丸太の上を歩くのは大変です．太い丸太を2本渡し，その

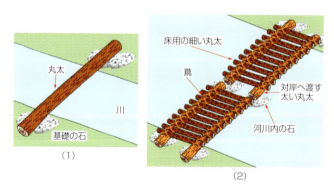

図-1.1　原始的な橋

間に小さな丸太を並べて蔦で結び，床を作ってみます．だいぶ歩きやすくなりました．川幅が大きい場合は，川の真ん中に大きな石を並べて島を築き，そこを中継して対岸まで渡します．これらの構成を図-1.1（2）に示します．

現在の橋も，基本的な構造についてはこの原始的な丸太橋と大差がありません．材料の進歩により，丸太は強度の高い鋼やコンクリートにとって代わり，橋の規模もどんどん大きくなりました．一般的な現代橋梁の例を図-1.2に示します．対岸に渡す太い丸太は鋼で造られる主桁，石で造った両岸の土台はコンクリートで造られる橋台，川の真ん中の石は橋脚，床の小さな丸太はコンクリートの床版と言われる部材に相当します．これに地震時等の横からの力に耐えるための部材である横構や，主桁どうしをつないで効率よく荷重を分担するための横桁，対傾構などの部材を加え，現代の橋が構成されています．

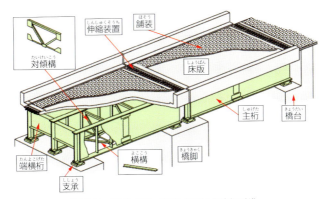

図-1.2　現代の橋（鋼橋の鋼Ⅰ桁橋の例）

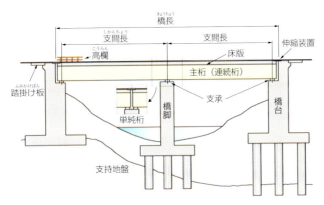

図-1.3　橋の基本構造とその名称

ここで基本的な橋の構造をもう少し詳しく説明します．**図-1.3**に現代の橋の基本構造と名称を示します．丸太橋では土台（橋台）の上に直接，主桁（丸太）を載せていましたが，現代の橋では主桁と，橋台や橋脚の間に支承と呼ばれる装置を設置します．この支承を別名，沓とも呼びますが，この「しゅう」は英語のシューズ（Shoes）からきており，文字どおり橋の靴の役割を果たしています．鋼やコンクリートで造られる主桁は，温度変化とともに膨張して長くなったり，収縮して短くなったりしますので，地盤に固定されて動かない橋台や橋脚との間でずれようとします．また，橋の上に車が載ると，橋が変形して支点の部分で回転しようとします（**図-1.4**）．この動きを吸収するのが支承の役目で，移動や回転を許すための機械的な機構を持つ鋼製支承のほか，この動きをゴムの変形で吸収するゴム支承があります（**写真-1.1**）．支承を含む支承より上の部分（主桁，床版など）を上部構造，支承より下の部分（橋台，橋脚，基礎など）を下部構造と分類しますが，橋を理解するうえでこの分類は大切です．

支承は主桁の変形を妨げないようにするための装置ですが，主桁が温度で伸縮すると，橋台と主桁の間に隙間ができてしまい，このままでは車や人の通行に不都合

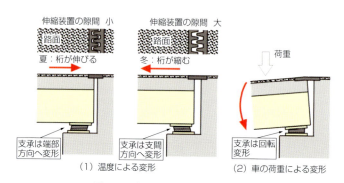

図-1.4 支承部，伸縮装置部の変形

写真-1.1 支　承

(1) 鋼製伸縮装置　　　(2) ゴムジョイント

写真-1.2　伸　縮　装　置

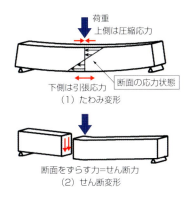

(1) たわみ変形

(2) せん断変形

図-1.5　橋の基本的な力学特性

が生じます．主桁の伸縮を許しながら，路面の連続性を保つため，主桁の端部の路面には伸縮装置が設けられます．伸縮装置には，櫛形の鋼材を主桁側と橋台側双方から張り出すことで路面の連続性と主桁の伸縮を両立させた鋼製伸縮装置，ゴムの伸縮でそれらを実現したゴムジョイントなどがあります（**図-1.4**，**写真-1.2**）．

　橋の規模を表す言葉としては，橋長，支間，幅員があります．橋長は橋全体の長さ，幅員は橋の幅で，支間は一跨ぎする支点と支点の間隔です．本州と淡路島を結ぶわが国の誇る明石海峡大橋は，世界最大の支間1 991 mを誇りますが，橋長の3 911 mは世界一ではありません．諸説ありますが，連続する橋として世界一の橋長を持つのはアメリカのポンチャートレイン湖横断道路橋で，橋長は38.42 kmにもなります．

　橋の構造上の重要な分類の1つとして，連続する支間を渡る場合，**図-1.2**のように各支間で橋の主桁を区切るか，**図-1.3**のように橋の主桁を連続させるかの違

いによる分類があります．支間が1つしかないものも含めて前者を単純桁橋，後者を連続桁橋と呼びます．

　対岸との間で荷重を支える太い丸太に相当する，橋の最重要部材である主桁は，下方に曲がろうとする変形（たわみ変形）と，ずれようとする変形（せん断変形）に抵抗します．たわみ変形では，連続桁の中間の支点付近（図-1.3の真ん中の橋脚付近）を除き，一般には主桁の上側が圧縮され，下側が引っ張られます（図-1.5）．外力や自重により，部材の内部に発生する力のことを応力と呼びますが，主桁の上側には圧縮応力が，下側には引張応力が発生します．引張側が破断すると落橋に直結しますので，主桁の引張側は橋梁を点検するうえでも特に重要です．そのほかについては，ここでは図-1.2，3中に代表的な部材の名称を示すのみとします．これらの役割については橋を扱う教科書に詳しく載っていますので，必要な方はぜひそちらを参照ください．

　橋にはいろいろな形式があり，皆さんのよく知っているものとしてアーチ，トラス，吊橋などがあります．しかし，全国に70万橋あると言われる橋のほとんどが図-1.2，3に示した桁橋と呼ばれるものです．ここでは，この最も一般的な桁橋について話を進めることにします．

　橋の世界では，主桁に用いる材料によっても橋を分類しています．主桁をコンクリートで造ったものをコンクリート橋，鋼で造ったものを鋼橋と区別しています．これらは橋を使うユーザーにはあまり関係ありませんが，提供する側の都合でコンクリートを得意とする会社，鋼を得意とする会社と分かれており，橋の世界ではこの区別が大事になっています．専門家も基本的にはそれぞれで異なり，劣化の種類や点検着目部もそれぞれ違います．ただし，鋼橋だからといってすべて鋼で出来ているわけではありませんし，コンクリート橋だからといって，鋼材が使われていないわけではありません．一番ポピュラーな鋼橋の構造は，主桁や横つなぎ材は鋼で，床版はコンクリートで造られている図-1.2に示した鋼I桁橋と呼ばれる構造です．これに対して，コンクリート橋は，数多くの構造形式があります．コンクリートという材料は，型枠を組み立てて，ここに生コンクリートを流し込んで作るため，どのような形状にも製作することが可能です．そのため，その橋梁構造は多岐にわたるのですが，その種類については2－2で説明します．また，コンクリート材料は，圧縮に強く，引張に弱いという特性を持っています．そこで，桁部材にあらかじめ圧縮応力度を入れておき，荷重作用により発生する引張応力度を低減するというプレストレストコンクリート（PC）の技術が多く用いられます．したがって，コンクリート橋のことを「PC橋」と表現する場合も多くあります．近年では

鋼橋，コンクリート橋の融合が進み，お互いの利点を利用した複合構造が増えつつあります．また鋼やコンクリート以外の材料（アルミ，FRPなど）も，まだ数は少ないですが使われています．

1-2　上部構造

1-2-1　鋼橋の基礎知識

　鋼橋は，橋梁製作工場で製作された部材を現場に搬入し，現地で組み立てて橋を完成させます．橋梁製作工場には，まず，鋼材メーカーで造られた鋼板が納入されます．その後，設計図に従ってガス切断，プラズマ切断，レーザ切断により所定の大きさ，形に切断されます．切断された鋼板は工場内のクレーンで組み立てられた後，溶接で一体化されます（**写真-1.3**）．溶接が完了した部材は，鋼材の腐食を防ぐために何層にも塗装された後，架設現場までトラックで輸送されます．架設現場では搬入された部材をクレーンで吊り上げ，部材どうしを主に高力ボルトと呼ばれる高強度ボルトで接合し，鋼橋を架設します（**写真-1.4**）．溶接やボルトが普及する前は，工場での接合を含めてリベットと呼ばれる鋲で鋼板どうしがつながれていました．隅田川に架かる勝鬨橋，永代橋などの歴史的橋梁は，すべてリベットで接合されており，溶接やボルトは基本的に使われていません（**写真-1.5**）．リベット

写真-1.3　鋼橋の工場製作

1 橋の基礎知識

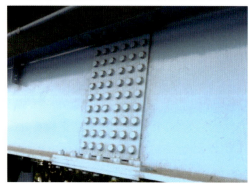

写真-1.4　クレーンによる鋼橋架設と高力ボルト現場継手(つぎて)

写真-1.5　永代橋とリベット継手

写真-1.6 浜松町駅跨線人道橋

写真-1.7 鋼I桁橋（左）と鋼箱桁橋（右）

は作業が煩雑で人手もかかることから，今は溶接接合やボルト接合に活躍の場を譲りましたが，溶接構造で課題となる疲労の問題も少なく，今も健全な姿を優雅に見せています．

　鋼材を腐食から守る方法としては塗装が一般的ですが，亜鉛めっきによる防食や，耐候性鋼材による防食もあります．耐候性鋼材は聞きなれない言葉かもしれませんが，鋼材表面に緻密な進行性の少ない安定したさびを生成させることで，塗装やめっきを施すことなく，鋼材を腐食から守る技術です．東京都のJR浜松町駅を跨ぐ橋（**写真-1.6**）は耐候性鋼材を用いた橋梁の代表的なもので，さびて古くなった橋ではありません．鋼材を腐食から守るため，意図的にあのようなさびを表面に生成させ，塗装を省略しているのです．

　先述したように，鋼橋のほとんどが桁橋です．この桁は，断面の形によりI桁（鈑桁とも呼びます）と箱桁に分類されています．I桁と箱桁は支間の長さによって使い分けられ，支間40m程度まではI桁が，それ以上は箱桁が用いられることが多くなりますが，数としては圧倒的にI桁が多い状況です．I桁と箱桁の鳥瞰図，断面図を**図-1.6**に，I桁と箱桁の写真を**写真-1.7**に示します．上下の水平な鋼板を

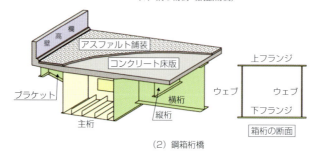

図-1.6 鋼Ⅰ桁橋と鋼箱桁橋

写真-1.8 鋼箱桁橋内部

フランジ，鉛直の鋼板をウェブと言います．フランジは主に先述の曲げ変形（たわみ変形）に抵抗し，ウェブは主にせん断変形に抵抗します．

　断面がⅠ形をしているのには理由があります．曲げ変形に抵抗するためには図-1.5や図-1.6中に示したように上側のフランジ（上フランジと呼びます）が圧縮，下側のフランジ（下フランジと呼びます）が引張となります．曲げに抵抗する力は「上下のフランジが負担する力」×「上フランジと下フランジの距離」（曲げモーメントと呼びます）

で決まりますので，上フランジと下フランジが離れていたほうが有利となります．

以上から，フランジは最上段，最下段に位置し，結果として断面は効率のよいI形，もしくは箱形となります．箱桁は外面からは分かりませんが，中は中空で，断面を保持したり変形を防止するための様々な部材が箱桁内部に取り付いています．箱桁橋の点検では，桁外面だけでなく，箱桁内に入って内部も点検する必要があります（**写真-1.8**）．

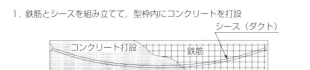

図-1.7 ポストテンション方式による桁の製作方法

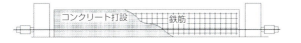

図-1.8 プレテンション方式による桁の製作方法

1　橋の基礎知識

1－2－2　コンクリート橋の概要

コンクリート橋には，PC鋼材と鉄筋を用いて補強したPC橋と，鉄筋だけで補強したRC橋がありますが，ここではPC橋について記述します（PC橋に関する知識があれば，RC橋についてもほぼ網羅できます）．PC橋の種類は，主桁部材の断面形状によって分けられ，またプレストレス力の導入方法によってもポストテンション方式とプレテンション方式に分けられ，さらには架設方法によっても分けられます．ポストテンションとは，コンクリートが硬化した後に，緊張力を導入して桁に圧縮力を導入する方法であるのに対し，プレテンションとはあらかじめ緊張力の入ったPC鋼材を包み込むようにコンクリートを打設する方式です．

それぞれの桁の製作方法の概要を**図-1.7**および**図-1.8**に示します．プレテンション方式は，反力台（アバット）が必要であるため，工場にて桁を製作し，架橋位置まで運搬するのが一般的です．これに対して，ポストテンション方式は，通常は現場で桁を製作します．

代表的なコンクリート橋の断面形状と，プレストレスの導入方法および架設工法による分類について**表-1.1**に示します．コンクリート橋を点検するにあたっては，

表-1.1　コンクリート橋の分類

分類	断面形状		適用される構造	架設方法	適用支間長（目安）
プレテンション	床版橋（スラブ桁）		単純桁	工場製作 ↓ 運搬 ↓ クレーン等により架設	5～24 m
	T桁橋				18～24 m
ポストテンション	T桁橋		単純桁	現場または工場製作 ↓ 運搬 ↓ クレーン等により架設	20～45 m
	合成桁橋				20～40 m
現場打ち	中空床版橋		単純桁	固定支保工，大型移動支保工により架設	20～30 m
	版桁橋		連続桁		20～35 m
	箱桁橋		単純桁 連続桁 ラーメン橋	固定支保工，大型移動支保工，張出し施工により架設	30～180 m

12

その橋梁がどのような構造形式で，どのようにして架設されたかを知る必要があります．というのは，その構造形式や架設方法によっては点検のポイントが変わってくるためです．例えば，ポストテンション方式の桁では，PCグラウト（PC鋼材が配置されたシース管内の空隙にモルタル等を注入して空隙を埋めること）の充填状況を点検することがありますが，プレテンション方式の桁には，グラウトそのものが無いため，これは点検対象にはなりません．また，断面形状は外から眺めただけでは，どのような断面をしているのかを判断しにくいこともあります．しかし，幾つかの実橋を見て，記録と照合していくと，大体のパターンが見えてきます．さらに，コンクリートの打継ぎ部に注目すれば，どのような打設割りで施工されたかが想像でき，この情報から，どのような施工方法によって架設されたかも推定ができます．

ここで，コンクリート橋を構成している各部材の呼称について説明します．ここでは，一般的な箱桁橋とT桁橋について解説します．図-1.9は箱桁を示します．箱桁はその名のとおり，主桁断面形状が箱形となっており，箱を形成する上側の床

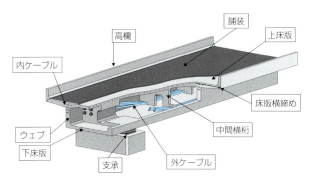

図-1.9　コンクリート箱桁橋

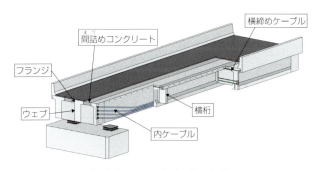

図-1.10　コンクリートT桁橋

写真-1.9 コンクリートT桁橋の製作

版を上床版，下側を下床版，左右の壁をウェブと呼びます．PC箱桁橋では，ウェブ内部に内ケーブルが橋軸方向に配置されています．そして，上床版の内部には横断方向にPCケーブルが配置されており，これを床版横締めと呼びます．また，箱桁内部の空洞部にケーブルを配置した外ケーブル構造もあります．次に，箱桁内部の間仕切りのような部材を横桁と呼びます．図では支間中央付近の中間横桁を指していますが，橋脚の直上にある横桁を支点上横桁と呼びます．

　図-1.10はT桁橋を示します．T桁橋は断面がTの形をした主桁を並べて，横方向に連結したものです．Tの字の鉛直方向部材をウェブと呼び，頂部のカサの部分をフランジと呼びます．また，横桁どうしを連結している隔壁を横桁と呼びます．T桁のウェブ内部には橋軸方向に内ケーブルが配置されています．また，直角方向にはT桁のフランジどうしの間に間詰めコンクリートを打設し，横締めPCケーブルを緊張して，一体化しています．横締めケーブルはフランジ部だけでなく横桁部にも配置されているのが一般的です．

　橋梁各部の呼称についてですが，図-1.2および図-1.6に示す鋼橋と，図-1.9，10に示すコンクリート橋には，共通する呼称が多くあります．ただし，コンクリート橋の場合には，外から見えない箇所にPC鋼材という最も重要な部材が配置されており，これがコンクリート橋の点検の難しさとも言われています．点検の際には，「このあたりにPC鋼材が配置されているはずだ」という考えをもって点検に臨むことが必要となります．

　次に架設方法について説明します．コンクリート橋の架設方法は数多くありますが，ここでは，コンクリート橋で比較的施工実績が多いポストテンション式T桁橋の架設方法について，施工状況写真を用いて説明します．ポストテンション式T

写真-1.10　コンクリートT桁橋の架設

写真-1.11　T桁橋の現場コンクリート打設

桁橋は，現場のヤードにて型枠を組み立て，その内部に鉄筋と主方向PC鋼材用のシースを配置して，コンクリートを打設します（**写真-1.9**）．プレテンション桁の場合は，この桁を工場で製作して，現場まで運搬することになります．打設完了後，コンクリートが所定の強度に達したら，主方向PC鋼材を緊張してプレストレスを導入し，これでT桁が完成しますので，次にこのT桁を架橋位置に設置します（**写真-1.10**）．この例ではクレーンによって架設していますが，クレーンが使用できないような箇所では架設桁によって架設する場合もあります．架橋位置にT桁を配置したら，T桁どうしをつなぐ必要があります．そこで，T桁のフランジどうしの隙間に型枠を設置し，鉄筋を組み立てた後にコンクリートを打設します（**写真-1.11**）．その後，あらかじめ孔をあけておいたフランジ部にPC鋼材を通して，横方向に緊張することで，各T桁を一体化させます．最後に高欄や付属物，そして橋面の調整コンクリートなどの橋面工を施工し，完成となります．

1　橋の基礎知識

1-3　下部構造

　下部構造は，前述の橋脚，橋台，それらを支える基礎と，橋台の裏側の土工部分からなります．橋脚・橋台は，上部構造の重さ（変動しない重さを指し，"死荷重"と呼びます）や，橋に載荷される自動車の重さや風による力（変動する重さを指し，"活荷重"と呼びます）を確実に地面に伝えられるような構造として構築されます．橋脚，橋台の一番下，地面と接する部分を"基礎"と呼び，その形によって直接基礎，ケーソン基礎，杭基礎などがあります．基礎は強固な地盤上に据え付けられます．これらの構造を図-1.11に示します．

　直接基礎は，硬い砂や砂利の層，岩盤が地表面から浅い位置にある場合に採用される最も簡単な構造形式で，コンクリートで造られる床部分（フーチングと呼びます）を直接，支持地盤の上に構築し，荷重を支えます．杭基礎は，支持地盤が地表面から深い場合に採用される基礎で，地表から支持地盤に向けて複数の杭を打ち込み，その杭の上にフーチングを構築して荷重を支えます．ケーソン基礎は，重さが特に大きく，杭基礎では不経済となる場合に採用される基礎構造で，中空の函を支持地盤まで沈下させて荷重を支える基礎構造です．そのほか，地中連続壁基礎や鋼管矢板基礎などがあります．

　橋脚，橋台の躯体部分は，鉄筋コンクリートで造られる場合がほとんどですが，都市内高速道路など複雑な形状が要求される場合など，鋼製の橋脚が採用されることもあります．

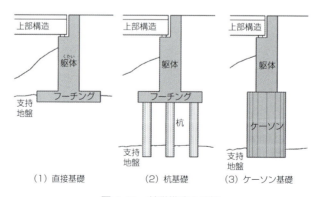

図-1.11　基礎構造の分類

1-4 道路橋点検要領

写真-1.12　高所作業車を用いた点検

　笹子トンネルの天井板崩落事故を契機に，社会インフラの劣化，点検の重要性がそれ以前に増して注目されるようになりました．冒頭で述べたように，全国の橋長2m以上の道路橋に5年に1度の「近接目視点検」が義務化され，国土交通省は平成26年6月に新しい「道路橋点検要領」を策定しました．「近接目視点検」とは，橋梁のすべての位置に人が接近し，目視，触診して損傷の大きさを計測し記録することです．路面の点検は比較的容易にできますが，橋の構造は多くの場合，簡単には人が近づけない高所や川の上にありますので，高所作業車（**写真-1.12**）や橋梁点検車が必要になります．

　橋長2m以上の橋梁は，日本国内に70万橋あります．財源や人員には限りがありますので，これらの点検を効率的にこなさなければなりません．

〔参考文献〕
1）寺沢直樹：道路の老朽化対策の本格実施に関する提言について，橋梁と基礎，pp.28～31（2014.7）

損傷用語解説

　橋の点検をするうえで，橋にどのような損傷，劣化が発生するのかを知ることはとても重要です．本文の中でも損傷の説明はありますが，理解をより深くしていただくため，文中にもよく出てくる劣化現象について，分かりやすく説明したいと思います．すべての損傷を網羅することはできませんが，鋼材の代表的な劣化現象である"疲労"，"腐食"，"高力ボルトの遅れ破壊"，コンクリートの代表的な劣化現象である"ひび割れ"，"中性化"，"アルカリシリカ反応"，"塩害"，"凍害"について，それぞれまとめましたので，本文と合わせてご参照ください．

① 鋼材の腐食

　鋼材の腐食とは，鋼材が空気中の酸素・水と反応して表面がさびたり，さびが進行して断面が減少したりする現象で，皆さんにもなじみ深い現象ではないかと思います．公園の金属製の遊具やベランダの手すりがさびたり，腐食で孔があいたりしているのをご覧になったことがあると思います．

　鋼橋は一般的には塗装により外気と遮断されており，その塗装が健全であれば腐食は進行しません．しかし，塗膜が劣化したり，傷がついたりすると，そこから空気や水，塩分が侵入し，鋼材にさびが発生します．

　鋼橋の腐食は，橋全体で同時に進むものではなく，局部的に進行することがほとんどです．腐食しやすい部位があり，その代表例が橋の両端部（桁端と呼びます）やボルト継手部です．

　一般的な橋では路面の両端部に継目があり，継目から水が漏れない工夫がされておりますが，水を長期にわたり完全に遮断するのは難しく，しばしば漏水が起こります．漏水が桁端部にかかり，長期にわたって湿潤状態が続くと，塗膜の劣化や鋼材のさびが著しく進行します．特に，冬季の路面凍結防止のために塩化カルシウムを散布する地域においてこの漏水が起こると，桁端の腐食はさらに進行します．ボルト継手部については，凹凸が大きく塗膜厚が薄くなりやすいことから，早期に塗膜が劣化し腐食が進行することがあります．

漏水による支点部の腐食例

ボルト継手部の腐食例

② 溶接部の疲労き裂

　鋼橋の代表的な劣化現象である疲労は，針金を左右に交互に曲げるとやがて破断する現象として紹介される現象です．鋼橋の疲労も基本的にはこれと同じ現象ですが，少し針金の例と違うのは，針金は大きな変形を数回〜数十回与えて破断させる現象であるのに対し，鋼橋の疲労は交通荷重や風による，目には見えない小さな変形を何百万回，何千万回と与えることで，き裂が発生，進展していく現象です．針金の疲労の例と同様の現象として，地震時の大変形による疲労がありますが，定期点検で主に対象となるのは小さな変形・多くの繰返しによる疲労（高サイクル疲労と呼びます）のほうです．

　鋼橋の疲労も，腐食による劣化と同様で，橋全体で均一に進むものではありません．外力により部材の内部に発生する力のことを「応力」と呼びますが，この応力は基本的に断面の急変部に集中し，その急変部に大きな応力が発生します．紙やビニールを手で破く際，ハサミで切込みを入れると容易にそこから破くことができます．これは意図的に作った断面の急変部の応力集中を利用したものです．

　鋼橋において，断面の急変部，応力集中部は溶接部です．溶接部の応力集中のイメージを図-1に示します．交通荷重や風荷重による変形により力の集中する部分には大きな力が繰り返しかかるため，疲労き裂が発生します．疲労き裂は発生当初は目では確認できないほど小さいですが，外力の繰返しにより徐々に進展し，き裂がある程度の長さ以上となると，突発的な大きな破壊（ぜい性破壊）に至ることがあります．そのため，点検ではき裂の小さいうちに発見し，適切な処置をする必要があります．

損傷用語解説

 ところで，鋼部材では「割れ」のことを"き裂"と呼びますが，コンクリートの「割れ」は"ひび割れ"と呼びます．英語では双方とも"crack"なので，日本独特の慣習ではないかと思います．点検結果の表記の際には注意してください．

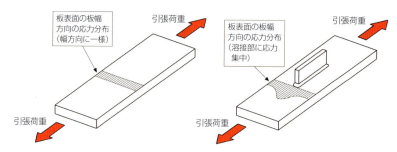

図-1　溶接部の応力集中のイメージ図

鋼桁溶接部に発生した疲労き裂の例

(「道路橋定期点検要領」より)

③ 高力ボルトの遅れ破壊

 工場で輸送可能な大きさで製作された鋼橋の部材は，架設現場に輸送され，現地でクレーンを用いて組み立てられて完成します．現地で組み立てるための継手としては，通常，ボルト接合，中でも高力ボルト摩擦接合が最も多く用いられます．

 高力ボルト摩擦接合とは，2つ以上の鋼板を高力ボルトと呼ばれる高強度のボルトで締め付け，その摩擦力により2つの部材を接合させる継手です（中学校の物理で習う，摩

損傷用語解説

擦力＝すべり係数×垂直抗力の原理を用いた機構です）．鋼橋では直径22mmのボルトがよく使われますが，1本あたりの締付け力は約20トンにもなります．すべり係数は0.4程度なので，ボルト1本，1摩擦面で8トン以上の荷重に耐えることが可能となります（設計では，この値に安全のための係数を考慮して許容力が決められています）．

ボルトの軸力を大きくするほど，効率的に摩擦力を伝えることが可能となりますので，かつては，現在使われている通常のボルトよりも高強度のボルトが使われていました．現在使われているボルトは強度区分がF10T（FはFriction＝摩擦のF，10は引張強度100kgf/mm^{2}以上，TはTensile＝引張を表します．数字が大きいほど高強度ボルトになります）ですが，以前はF13T，F11Tといった高強度ボルトも使われていました．

これらの高強度ボルトが，締付けからある程度の時間が経過したのち，突然，破断する損傷事例がしばしば見られるようになりました．力をかけてから（締め付けてから）破断するまでに時間がかかることから，この現象を"遅れ破壊"と呼びます．水素がボルトの鋼の中に侵入し，鋼材がもろくなることが原因ですが，この遅れ破壊の起こりやすさは強度が高いほど大きく，F11T以上のボルトに遅れ破壊が生じます．そのため，現在では通常，強度区分F10T以下のボルトが使用されています．

ただし，既設橋の中にはまだ強度区分F11T以上のボルトが使用されている橋梁もあるため，点検ではボルトの遅れ破壊や，ボルトの強度区分を確認することが重要です．F11T以上のボルトが使用され，遅れ破壊の危険がある場合は，落下による第三者被害の防止を講じなければいけません．

高力ボルトの遅れ破壊の例

遅れ破壊したボルトの頭（F11Tの刻印）

④ コンクリートのひび割れ

　コンクリートは，圧縮力に強く引張力に弱いという性質があります．通常，コンクリートの引張強度は圧縮強度の1/10，1/12程度と言われています．そのため，通常は引張に強い鉄筋と組み合わせたり（鉄筋コンクリート＝RC【Reinforced Concrete】），あらかじめ圧縮力を入れることで外力による引張力と相殺し，外力に抵抗させたりします（プレストレストコンクリート＝PC【Prestressed Concrete】）．

　外力による引張力のほか，コンクリートには打設後，硬化する過程や乾燥する過程で収縮する性質（自己収縮，乾燥収縮）があり，この収縮を内部の鉄筋やその他周辺の鋼材が拘束することで，引張応力が発生します．耐久性の高いコンクリート構造物とするためには，できるだけひび割れが発生しないような配慮が必要ですが，もともと引張強度が低いという性質のため，ひび割れが避けられない場合もあります．

　コンクリート構造物の設計では，元来，コンクリートの引張力には期待していないことがほとんどであるため，ひび割れが発生しても，直ちにコンクリートの耐荷力に影響を与えることはありません．ただし，ひび割れから水が浸入すると，内部の鉄筋の腐食やコンクリートの擦り磨きが起こることがありますので，コンクリートの点検においては，ひび割れの位置，長さ，間隔，幅，それらの経年の変化を観察することが重要です．

　構造物の重要性やひび割れの位置，コンクリート表面から鉄筋までの深さ，環境などにもよりますが，鉄筋コンクリートにおいては，ひび割れ幅0.2mmが有害なひび割れを判定するうえでの一つの目安とされています．

幅0.1mm程度のひび割れの例

幅の大きなひび割れの例

損傷用語解説

⑤ コンクリートの中性化

　学生時代，リトマス試験紙を用いて，液体が酸性かアルカリ性かを確かめる実験をされた方も多いと思います．酸性，アルカリ性の強さはpH（ペーハー）という単位で示され，酸性の最も強いものはpH0，アルカリ性の最も強いものはpH14となり，その中間のpH7は酸性でもアルカリ性でもない中性です．コンクリートは通常，pH12程度のアルカリ性を示しますが，これによりコンクリート内部の鉄筋表面には薄い酸化被膜が形成されます．この酸化被膜を不動態被膜と呼びますが，この不動態被膜が生成されることで，鉄筋は腐食から守られています．

　経年により，大気中の二酸化炭素（CO_2）がコンクリート内部に浸透していきます．二酸化炭素がコンクリート内に浸透すると，コンクリート中にあるアルカリを保つための水酸化カルシウム（$Ca(OH)_2$）がこの二酸化炭素と反応して炭酸カルシウムと水（$CaCO_3+H_2O$）になり，アルカリ性が失われていきます．このアルカリ性が失われる現象を"コンクリートの中性化"と呼び，鉄筋の位置まで中性化が進むと，アルカリ環境で生成されていた鉄筋表面の不動態被膜が消失し，鉄筋の腐食が始まります．鉄筋が腐食すると膨張するため，鉄筋より外側のコンクリートがはがれ落ちたりします．

　この中性化を防ぐために，コンクリートは表面から鉄筋までの距離（かぶりと呼びます）を十分にとったり，表面を被覆したりします．かぶりが小さいと鉄筋位置が中性化する時期が早くなり鉄筋の腐食が早い時期に始まるため，コンクリートが早期に劣化する原因となります．

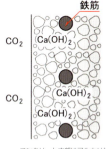
（1）建設時
コンクリート内部はアルカリ性

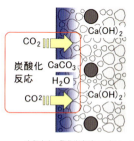
（2）二酸化炭素の侵入，中性化の進行
大気中の二酸化炭素がコンクリート中に侵入，水酸化カルシウムと反応して炭酸化．

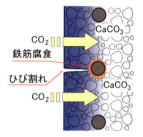
（3）鉄筋の腐食，ひび割れの発生
鉄筋位置まで炭酸化反応が進み，アルカリが失われて鉄筋の不動態被膜が破壊，鉄筋の腐食が始まって鉄筋が膨張，ひび割れ発生．

コンクリートの中性化

損傷用語解説

かぶり不足で鉄筋が腐食し，コンクリートが剥落した例

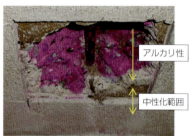

フェノールフタレイン法でコンクリートの中性化を調査した例
赤紫色に呈色した部分はアルカリ性，呈色しない表面付近は中性化した部分

（太平洋コンサルタント提供）

⑥ コンクリートのアルカリシリカ反応（ASR）

「コンクリートの中性化」で説明したとおり，コンクリートはpH12程度のアルカリ性です．このアルカリのおかげで，内部の鉄筋は腐食から守られているのですが，コンクリートに使われている骨材の中には，このアルカリ成分と反応して膨張する成分をもつものがあります．この反応をアルカリシリカ反応（ASR）と呼び，骨材が膨張してコンクリートがひび割れるほか，周辺の鉄筋を破断する事態にまで発展することがあります．

無筋コンクリートや鉄筋量の少ないコンクリートではひび割れは網目状，もしくは亀甲状として現れることが多いですが，軸方向鉄筋量の多い構造やプレストレストコンクリート構造では，軸方向鉄筋やPC鋼材に沿ってひび割れが発生することがあります．

損傷用語解説

アルカリシリカ反応が疑われるひび割れの例
(「道路橋定期点検要領」より)

⑦ コンクリートの塩害

　コンクリートの塩害とは，コンクリート中の鉄筋位置の塩化物イオン濃度が上昇し，鋼材の腐食が促進されることで，鋼材の断面減少が生じたり，鉄筋の腐食による膨張によりコンクリートがひび割れたりする現象です．

　塩化物イオンの供給経路としては，凍結防止剤の散布や海水の飛沫，海からの飛来塩分などのコンクリート内部への浸透（外来塩分）と，コンクリート製造時の骨材などにもともと含まれていた内在塩分があります．コンクリート中の鉄筋はアルカリにより生成された不動態被膜により腐食から守られていますが，塩化物イオンがある程度以上の濃度，具体的には鉄筋位置の塩化物イオン濃度が$1.2 kg/m^3$以上になると，鉄筋の腐食が開始するといわれています．

塩害による鋼材の腐食，ひび割れの例

コンクリートの塩害を防止するためには，製造時に材料の塩化物濃度を低くする，緻密なコンクリートとすることで塩化物の侵入を防ぐ，塗装などにより表面被覆することで塩化物イオンの侵入を防ぐなどの方法が考えられますが，塩害が進んでしまった構造物の対策は難しいので，点検でできるだけ早期に発見し，対処することが重要です．

⑧ コンクリートの凍害

コンクリートの凍害とは，コンクリート中の水分が凍結する際の膨張，融解の繰返しにより，コンクリートが徐々に劣化していく現象です．凍害による劣化の現象としては，コンクリート表面が薄片状に剥離していく現象（スケーリング）や，表面の微細なひび割れ，表面の円錐状の剥離（ポップアウト）などがあります．凍害を受ける要因は冬季の水分の凍結融解，水分の供給，コンクリートの品質の３つであり，凍結融解作用が多いほど，水の供給が多いほど，凍害の危険が大きくなります．そのため，国内では冬季の気温の低い北海道や東北地方，山間部などで，水の影響を受けやすい道路橋，鉄道橋，擁壁などで危険が大きくなります．

凍害に対する有効な手段として，微細な空気泡をコンクリート内に均一に含むことが有効であるとされています．

スケーリングの例

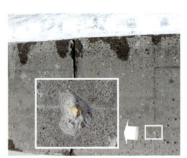
ポップアウトの例

（写真：寒地土木研究所提供）

2 鋼橋の損傷と点検のポイント

Damages and Inspection Points of the Steel Bridge

　橋はコンクリート，鋼，木，アルミニウム，FRPなど，様々な材料から出来ていますが，その多くは鋼かコンクリートが主要材料であり，「鋼橋」と「コンクリート橋」に分類されます．第2章では鋼橋における損傷の特徴や，点検のポイントについて説明します．鋼の代表的な劣化形態には"腐食"と"疲労"がありますので，鋼橋の点検をする際には，その2つの現象や起こりやすい部位をよく理解することが重要です．

キーワード　近接目視
　　　　　　鋼橋
　　　　　　点検
　　　　　　損傷
　　　　　　疲労
　　　　　　腐食

はじめに
2−1 点検の基本
2−2 点検の準備
2−3 点検の内容
　　2−3−1　腐食損傷の点検の基本
　　2−3−2　変形，ボルトの緩み・脱落の点検の基本
　　2−3−3　疲労損傷の点検の基本
2−4 鋼橋の損傷とその点検

はじめに

本章では鋼橋にどのような損傷が生じ，どのような点検が必要かを解説します．まず点検の基本と準備，次に代表的損傷である腐食，変形，疲労損傷に対する点検内容を述べ，最後に，実損傷に対する部位ごとの点検について解説します．具体的な点検方法については第5章で，また実際の点検から記録までの流れを第6章で解説しています．

2-1 点検の基本

点検の基本は，「近づいて見る」ことで，その際の注意点は①手で触れる距離まで近づく，②明るい光のもとで観察することです（**写真-2.1**）．点検では，どこにどのような損傷が生じるかを知っていれば発見が容易になりますし，また損傷が生じた理由が分かれば，どのような場所を注意して調べるべきか分かります．例えば疲労損傷の原因が活荷重による過大な応力か，製作時に入ってしまった溶接欠陥かにより，調べる場所は変わります．点検するうえでも損傷の原因に対する理解は大きな助けとなります．

写真-2.1 鋼床版の近接目視調査

写真-2.2 遠望目視点検

（1）点検の種類

2014年に法律で義務化された橋の定期点検は近接目視を原則としていますが，点検を手法で分類すると，近接目視点検，遠望目視点検（双眼鏡，車からの点検を含む）（**写真-2.2**）があります．また，接近困難な部位には機器点検（ロボット，ポールカメラなど）やモニタリングなども補助的に利用されます．

点検をその頻度により分類すると，定期点検，異常時点検（または臨時点検，緊急点検），日常点検に分けられます．異常時点検は大地震などの災害後に行われ，主として交通開放の判断を目的としたものですが，ある橋に重大な損傷が発生した時に同じ構造を持つ他の橋について一斉に行われる点検などもこれに含まれます．

点検で見付かった損傷に対して，必要に応じ詳細点検が実施されます．ここでは非破壊検査，材料検査，応力計測などが実施される場合があります．

初回点検は，供用後短期間のうち（通常2年以内）に実施され，定期点検の初期値を記録する，という意味で定期点検に含め，竣工検査とは別に実施されます．

（2）近接目視点検

橋の点検の基本は目視点検であり，鋼橋では近接目視により，損傷やその兆候を見付けることができます．損傷に近づくためには，足場を用いることが理想的ですが，塗装や補修工事の足場が利用できない場合には，高所作業車などを利用します．近接が難しい箇所については点検機器，ポールカメラ等による観察で代替することになります．

国の点検要領では鋼橋においては腐食，部材変形，疲労き裂，床版，支承の損傷の点検を手の届く距離まで近づいて行うことを求めています．橋の点検では機械部品のように取り外して，精密な検査を行うことが難しいので，点検員が多くの部材

が交錯した橋梁内部に入り込み，広範な点検対象から小さな損傷やその兆候を探し出さなくてはなりません．

2-2 点検の準備

　橋の点検現場は，容易に行き来ができない場所であり，手戻り無く効率的な点検を実施し，かつ作業での危険を回避するため十分な準備が必要になります．以下準備内容について解説します．

（1）点検前の準備，計画

・**橋の構造的特徴**：橋の点検内容は，その橋の構造により変わります．鋼橋の大半はI桁や箱桁などの桁橋ですが，アーチ，トラス，長大橋などの点検では特殊な装置，技術が必要となることがあります．

　点検に先立ち，橋の特徴と弱点を調べ，損傷の発生箇所を入念に点検する計画を立てます．鋼橋は軽く振動しやすいため，コンクリート橋に比べ疲労，ボルトの緩み・脱落などが生じやすく，主要な点検対象は部材の接合部となります．したがって，点検対象となる橋に採用されている接合形式（溶接・ボルト・リベットなど）について調べ，特殊な接合ディテールには注意して点検を行います．

・**書類調査**：事前調査にあたっては，まず書類調査を実施します．橋梁台帳により，対象橋梁の基本的な諸元，形式，製作年などを知ることができます．部材の寸法や設計根拠は図面，計算書により調べられます．これらは竣工図書として管理者が保管しています．

　次に点検部位を決めます．一般的な損傷については点検要領，点検マニュアル，参考文献3），4）などの書籍等にまとめられており，これらを参考に点検項目を整理します．ここで重要な点は，点検の最終的な目的は，落橋，通行止めなどにつながる重大損傷の防止であり，その兆候を見落とさないことです．このような重大損傷が橋のどのような部位で発生し，どう進展するかは，参考文献1），5）などに事例としてまとめられており，これらの危険箇所の見落としがないようにします．

・**点検・補修補強記録**：過去の点検記録はその橋の状態を知る貴重なデータであり，これが点検台帳，補修・補強履歴などに記録されています．

点検記録から，個々の損傷の位置だけでなく，損傷の分布，進展の有無などを調べておきます．また過去の損傷報告がある場合には入手して目を通しておきます．

・**架橋地点の調査**：近接目視のためのアクセス手段を決めるために現場の調査が必要となります．特に点検作業車等を利用する場合には，車の進入可能範囲，交通規制の検討，協議資料作成などが事前に必要となります．箱桁，橋脚では開口部の位置と大きさ，進入方法を調べておく必要があります．

橋へのアクセス方法を検討するためには，架橋地点の地図，橋梁一般図，現地写真，道路景観写真などが利用できますが，書類で調査できない事項については，現地踏査を行い確認します．これらの調査結果から点検対象部位，点検方法を決め点検計画を作成し，点検の準備を行います．

(2) 点検装備

点検装備については，個人用装備（図-2.1）と，共用装備（梯子，脚立，ロープ，照明，看板など）を準備します．この中には安全のための装備（安全帯，酸素濃度計など），点検対象部位の清掃用器具，保護具（マスク，手袋，膝パッド）なども含まれます．現地で発電機を用いる場合には，換気に配慮するほか，墜落など災害への備え，健康管理用チェックリスト等を準備して点検前にチェックできるようにしておきます．

(3) 記録の準備

通常の点検では標準的な記録様式が定められており，これに応じた記録用紙（野帳）を準備します．最終的には，問題となる部材の変状と判定根拠を点検報告書に記載しますが，点検では，見つかったすべての変状に対して，位置，写真，スケッチなど多くの情報を記録しなくてはなりません．このため現場での記録は乱雑になり，点検漏れが起きやすくなります．したがって，損傷番号，位置などの記載ルールを調べ，位置図，チェックリストなどを準備して，点検漏れを防止し，損傷

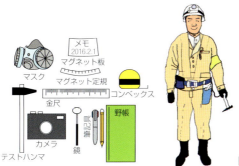

図-2.1　点検の携行品・装備

の位置，写真との対応に誤りがないようにします．写真撮影もルール，要領に従い必要な情報を漏らさず記録します．ただし，写真は損傷の状況を素早く伝えるために有用ですが，診断に必要な定量的な情報は意外と少ないためスケッチ，採寸をこまめに行いましょう．

2-3 点検の内容

2-3-1 腐食損傷の点検の基本

　腐食は浸水，滞水と塗膜の劣化により発生し，局部的な腐食が問題となります．腐食の点検箇所を図-2.2に示します．鋼橋で腐食が進みやすい場所として，まず橋の端部（桁端）があります．ここは橋が地面と接する唯一の場所であり，橋台側からの土砂水の浸入，伸縮装置からの漏水などにより滞水しやすい部位です．さらに部材が集中し風通しが悪いため，橋の中でも腐食が問題となりやすい場所とされています（写真-2.3左）．桁端では支点周りや支承本体に腐食が発生することが多く（写真-2.3右），支承可動部に水が浸入すると支承の移動や回転機能が低下します．

　次に高力ボルト継手部は凹凸が多く，塗装が現場で行われるため，塗膜が劣化し腐食が進むケースが見られます（写真-2.4）．このほか，狭隘部，溶接されない鋼

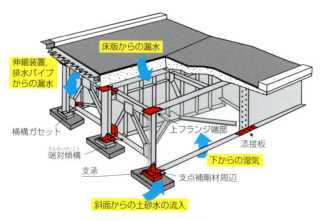

図-2.2　Ⅰ桁橋の腐食点検箇所

写真-2.3　桁端部，支承の損傷

写真-2.4　ボルトの腐食　　　　写真-2.5　ボルトの抜け

写真-2.6　沓座コンクリートの圧壊

　材どうしの接触部の隙間，水平部材に付く補剛材下端などは滞水しやすいうえに点検がしにくく，また塗膜・舗装の下などは腐食の見逃しが多くなります．このような腐食の点検が困難な箇所において，腐食が放置され，主部材に孔があくような損傷が生じた事例があります．また配水管からの漏水，床版からの腐食性の強い漏水によって主桁一般部が腐食することもあります．点検では図-2.2に青矢印で示すような水の浸入経路を見付け，水分供給を絶つことが重要となります．

箱桁では，浸入した水分がダイヤフラムや垂直補剛材，高力ボルト継手部に滞水し，主桁下フランジに深い腐食を生じる場合があるので注意が必要です．冬期の凍結融解剤，海からの塩分の飛来がある地域では腐食の点検が特に重要です．

２－３－２　変形，ボルトの緩み・脱落の点検の基本

地震，衝突により部材に過大な力がかかると，材料に元に戻らない変形が残ります．鋼部材では圧縮力による横構，対傾構弦材の座屈，ウェブなど板部材の面外変形，座屈が生じます．ボルト接合部では，振動，過大な力による塑性変形が原因で，ボルトの緩み，脱落や，アンカーボルトの緩みが発生することがあります（**写真-2.5**）．また，現在は使用されないＦ１１ＴやＦ１３Ｔと呼ばれる超高強度の高力ボルトは，供用中に突然破断する「遅れ破壊」を起こすことがあり，現在でも問題となっています．ボルトの緩み点検はテストハンマを用いて音，感触により判定しますが，コンクリート内部のアンカーボルトの破断には超音波検査が利用されます．

地震時には支点部に地震力が集中するため，桁端部，支承や，支点につながる部材に変形が生じることがあります．

下部構造の接合部では充填モルタルの割れ，沓座コンクリートの破壊，アンカーボルトの緩み・抜け・破断などの損傷があります．また，漏水箇所では，支承本体の腐食とともに，沓座に水が浸入し，鉄筋が腐食して沓座が破壊されることもあるため，注意深く点検するべきです（**写真-2.6**）．

２－３－３　疲労損傷の点検の基本

（1）疲労き裂点検の重要性

橋の安全性を考えると，鋼橋の損傷の中でも疲労き裂に注意が必要です．その理由は，き裂によっては，ある長さを超えると，大音響とともにき裂が急激に伸びるぜい性破壊を起こし部材を破断する可能性がありますが，その長さになる前の小さなき裂は点検で見付けにくいこと，目視で発見した時点では危険なサイズであり，かつ，成長の早さが急増している場合があるからです．

疲労き裂は時間とともに進む劣化現象であり，供用年数の増加とともにき裂の数が増え，40～50年超の高齢の橋梁で多発することがあります．しかし，き裂を早期に発見することができれば，小さな労力で橋を健全な状態に保つことができることが分かっており，その意味で疲労き裂点検の役割は非常に高いといえます．ただ

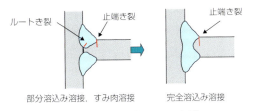

図-2.3 止端き裂とルートき裂

し，疲労き裂は，一般的な腐食・変形などの損傷に比べて，発見が難しく，疲労に関する知識と経験が点検に求められます．疲労き裂の点検に関する基礎知識を理解した後，早く現場に出てき裂を探すことで点検のコツが身に付いていきます．

(2) 疲労き裂の発生箇所

・ルートき裂と止端き裂：橋梁においては，通常，疲労き裂は溶接部から発生します．図-2.3に溶接部の断面を示しますが，き裂は表面側の，溶接と金属の境界である溶接止端から発生する場合と，溶接の奥側であるルート部から発生する場合があります．完全溶込み溶接を行うと内部の空洞がなくなり，ルートき裂は発生しなくなります．

止端き裂は，塗膜割れによりき裂発生の初期段階で発見されやすく，表面から板の内部に行くに従い，き裂の幅が小さくなるため，切削除去による早期治療が可能です．これに対し，ルートき裂や内部欠陥から発生するき裂は，内部より楕円状の疲労破面を作りながら広がるため，溶接金属の表面に現れた時点では，き裂が内部で大きく広がっており，その後のき裂の伸び方が早いという特徴があります．内部ではき裂がぜい性破壊を起こす大きさに達している場合もあり，止端き裂に比べ，危険性の高いき裂です．

・疲労に弱い溶接：溶接による接合部は「溶接継手」と呼ばれ，いろいろな形状がありますが，疲労に対して強い継手，弱い継手があります．溶接継手の疲労強度は疲労設計指針[1]，道路橋示方書等に示されており，弱い継手が応力変動が高い場所に使われている場合は，注意して点検を行う必要があります．

図-2.4に橋に使用される疲労強度の低い溶接継手の例を示します．主部材以外

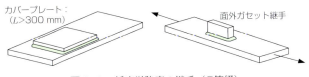

図-2.4 低疲労強度の継手（G等級）

2　鋼橋の損傷と点検のポイント

写真-2.7　対傾構ガセット・フランジ切欠き部のき裂

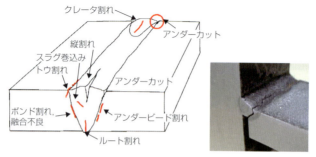

図-2.5　疲労に関係する溶接欠陥（写真は低温割れ）

に，現場で不用意に取り付けられた付属物の取付け溶接継手に，付属物の振動により疲労き裂が発生し，主部材に進むことがあります．

また，横桁，縦桁，対傾構の上弦材には，**写真-2.7**に示すように，補剛材と接合するためにフランジ端部を切り欠いたものがあります．このような切欠きや，回し溶接部は応力集中により疲労き裂が発生する場合があります．

・**溶接欠陥**：部材の溶接時に溶接欠陥が入る場合があります．中でも**図-2.5**に示すような，溶接割れなどの面状で溶接線に平行な溶接欠陥は疲労き裂と同じような位置に生じ，この先端から疲労き裂が発生したり，地震時にぜい性破壊の起点となる場合があります．このような溶接欠陥が一つでも見付かった場合には，他の溶接部も注意して点検する必要があります．特にルートき裂や，内在欠陥からのき裂は表面に現れるまでは検出できず，また発見後の疲労き裂の補修が難しいという問題があります．

2−3 点検の内容

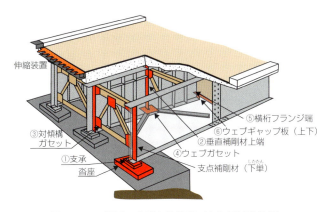

図-2.6　I 桁橋の疲労点検箇所（赤色部材溶接部）

写真-2.8　塗膜割れの例（疲労き裂なし）

（3）疲労き裂の点検の着目箇所
1）疲労損傷の発生部材
　疲労き裂の多くは発生箇所が特定されているので，その部位を重点的に点検するのが効率的です．ただし，溶接欠陥などの製作上の不具合に起因するき裂は予想しない位置に発生することがあります．**図-2.6**にI桁橋の疲労点検の着目箇所を示します，赤く着色した部材の溶接部が着目部となります．
2）塗膜割れ
　疲労き裂の目視点検では，塗膜割れを目安に疲労き裂を見付けます（**写真-2.8**）．き裂が開き，塗膜に割れが生じると，さび汁が出る場合もあります．しかし溶接部は塗膜厚にムラがあり，母材に比べ塗膜割れが生じやすく，疲労き裂のな

い塗膜割れも多くあります．塗膜割れから，疲労き裂が見付かる割合は1～2割程度といわれています．疲労き裂は初期には溶接に沿って成長するので，塗膜割れの向きからき裂の有無を判定できる場合もあります．しかし疲労が懸念される範囲で判断に迷う場合には非破壊検査を実施するべきです．

き裂の中には製作時に生じた溶接割れも含まれます．溶接割れは，き裂内に塗料が侵入していたり，き裂形状から，疲労き裂と区別できます．ただし塗膜をディスクグラインダなどで除去する際に塗料がき裂内に侵入することもあるため，塗膜除去には注意を要します．

3）緊急度の高い疲労き裂

主桁フランジ，主桁ウェブに入っていくき裂や，その部材が破断すると重大な事故につながる部材のき裂は，特に注意して点検する必要があります．き裂長が長くなるほどぜい性破壊の危険性は高くなり，冬期，荷重などの条件によりき裂の急激な進展が生じる危険性があります．主部材にき裂が入った場合には，橋の荷重支持能力が低下し，落橋しないまでも通行止めとなる可能性があるため，危険部位のき裂は早期に除去すべきです．

2-4 鋼橋の損傷とその点検

鋼橋の主要な損傷には，前述した，腐食，部材の変形，ボルトの緩み・破断，疲労などがあります．実際の点検では，これらの点検を分けて行うこともありますが，特に高所作業車等による点検では同一箇所に一度しか近づけないため，部位ごとに点検項目を漏れなく実施しながら移動していくことになります．実際の鋼橋点検については本書の**第5，6章**を参考にしていただき，ここでは，部位ごとの損傷事例と点検内容について解説します．

（1）支承周りの損傷とその点検

・**支承本体**：鋼製の支承を例に挙げます．支承本体には**図-2.7**に示すような，支承板の割れ，移動制限装置の接触・破損，上沓の割れなどの損傷があります．支承本体のボルトには上沓のセットボルト，移動制限装置の取付けボルトがあり，その緩み・破断が生じる場合があります．支承損傷の原因は，設置時のミス，地震など

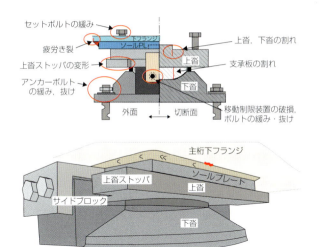

図-2.7 支承板支承の損傷箇所

による過大な桁変位などが原因ですので，大地震後の異常時点検においては，これらの点検を優先的に行います．また，下部構造の移動により遊間が不足する場合もあり，この場合には伸縮装置などにも影響が出ています．

- **ソールプレートの疲労き裂**：上沓と主桁下フランジの間に挟まれたソールプレート（**図-2.7**下図）は，下フランジに全周溶接されており，疲労強度が低い部材です．この溶接部にはフランジの板曲げにより大きな応力が生じ，疲労き裂が発生することがあります．特にさび等により支承が動きにくくなると，板曲げ応力が増し疲労き裂が発生しやすくなります．き裂はフランジを貫通したあとウェブに進展し，最終的には桁が破断するおそれがあるので，危険性が高いき裂といえます．き裂が小さい場合には支承の回転機能が復活できれば，き裂の切削除去で対策完了とできる場合もあります．

(2) 鋼I桁主桁，横桁，対傾構の疲労損傷

- **桁端切欠き**：主桁ウェブに補強リブがない古い形式の桁端切欠き桁にき裂が発生しやすい傾向があります．特に**写真-2.9**に示すようなR形の切欠き桁では，ウェブとフランジ間の溶接の奥に空隙があり，そこからき裂が発生することがあります．
- **対傾構**：対傾構の取り付く垂直補剛材（以下，VS）の上端（**図-2.6**②）と，対傾構ガセットの溶接部（**図-2.6**③）にき裂が生じる場合があります．VSき裂はルートから発生し溶接ビード上に現れる場合と，VS側止端に生じる場合があります（**写真-2.10**）．止端に生じたき裂は，小さいうちは切削により除去できます．本き裂

写真-2.9 桁端切欠き部のき裂損傷の事例

写真-2.10 垂直補剛材疲労き裂（左：止端き裂，右：ルートき裂）

は鋼橋において非常に発生数が多く，対傾構が取り付かないVSに発生する場合もあります．点検では塗膜割れを目安としますが，VSのスカラップ裏側など狭隘部は鏡などを用いて点検を行います．またVS上端のき裂を放置すると，主桁のウェブにき裂が進展することがあります．

(3) ガセットの損傷（図-2.6④）

・**ウェブガセット**：横構を主桁ウェブに取り付けるためのガセットで，面外ガセットとも呼ばれます．図-2.8に示す位置に疲労き裂が生じることがあります．

　本タイプのき裂は溶接止端から主桁ウェブに進展します．き裂はガセット両端部と，中央のスカラップ内側に生じる場合があり，後者は点検で見落とされやすいき裂ですが，国内外でぜい性破壊の事例が報告されており，特に注意深く点検する必要があります．

(4) 横　　桁

・**横桁フランジ端部**（図-2.6⑤）：横桁の下フランジが主桁ウェブを貫通する構造があるため，疲労強度が低い構造です（**写真-2.11**）．

・**横桁ウェブギャップ板の損傷**（図-2.6⑥）：横桁フランジと主桁フランジの間に挟まれたウェブギャップ板は，床版のたわみによる上からの鉛直力と，隣接主桁と

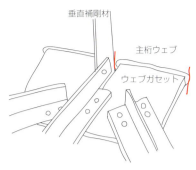

図-2.8　ウェブガセット（面外ガセット）

写真-2.11　横桁フランジ取付け部

のたわみ差により発生する横桁からの力でギャップ板の上下に疲労き裂が生じることがあります．VSのき裂同様，鈑桁（I桁）において発生数が多く，切削しただけでは再発する場合があります．

（5）付属物の損傷

橋梁には多くの種類の付属物があり，個々に適した点検方法があります．付属物は，交換が可能なことから，橋梁本体に比べ耐久性が低い場合もあります．また電気施設などのように，管理組織が異なる場合もあり，定期的な点検から漏れるおそれがありますが，小さな部品の落下による第三者被害，橋梁本体への損傷の拡大等が生じる場合もあり，巡回点検などによるこまめな点検が必要とされます．

支承，落橋防止システム，伸縮装置などは主構造と一緒に点検を行います．

鋼製伸縮装置の損傷を図-2.9に示します．フィンガーの欠損，ボルトの破損・抜け，遊間異常，ゴム性伸縮の摩耗剥離，伸縮前後の段差・陥没などの損傷は路面側から点検します．また，充填材の分離脱落，伸縮排水枡の破損，排水パイプ破損などは桁下側から点検します．

その他，鋼製防護柵，遮音壁，コンクリート製壁高欄，舗装，橋梁灯，道路標識などの付属物は，路面側から点検を行う部材であり，伸縮装置などとともに交通規

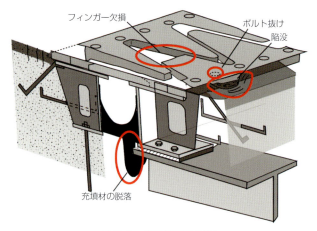

図-2.9　伸縮装置の損傷

制時に点検を行う場合もあります．橋梁灯，道路標識は，風，交通振動による疲労，ボルトの緩み，滞水による腐食により路面への落下，転倒などが生じると，通過交通への被害につながるので注意が必要です．

おわりに

　点検では結果の信頼性が非常に重要ですが，これを保証する仕組みがまだありません．信頼できる点検には，以下のような結果が必要と考えます．
①橋に有害な損傷を見逃していないこと．
②点検漏れや，見過ごしがないこと，どの範囲の点検ができていないかは記録を残すこと．
③前回点検時との変化を見逃さないこと．
④措置の必要性を示すデータを残すこと．
　なお，本章では典型的な損傷の解説しかしておりませんが，ここで触れていない床版，下部構造の点検については，他章の内容や参考文献等を参照してください．

〔参考文献〕
1) 日本道路協会：鋼橋の疲労（1997）
2) 日本道路協会：鋼道路橋の疲労設計指針（2002）
3) 日本鋼構造協会：土木鋼構造物の点検・診断・対策技術（鋼構造物診断士テキスト）（2013）
4) 道路保全技術センター：橋梁点検ハンドブック，鹿島出版会（2006）
5) 三木千壽：橋梁の疲労と破壊，朝倉書店（2011）
6) 国土交通省　橋梁点検要領（2014.6）
http://www.mlit.go.jp/road/ir/ir-council/pdf/yobo3_1_6.pdf

3 コンクリート橋の点検のポイント

Points of Inspection in Concrete Bridge

　第3章はコンクリート橋の点検のポイントです．コンクリートは石（骨材），セメント，水を混ぜ合わせてつくられていますが，圧縮力に強く引張力に弱いためにひび割れが発生しやすいことや，時間の経過により材料自体の性質が変化するという特徴があります．そのため，コンクリート橋の点検では，ひび割れのチェック，コンクリート材料の性質の変化などを注意深く確認する必要があります．

キーワード　　点検
　　　　　　　　コンクリート橋
　　　　　　　　PC橋
　　　　　　　　変状
　　　　　　　　劣化
　　　　　　　　損傷

はじめに
3−1 変状とその機構
3−2 コンクリート橋の点検のポイント

　　3−2−1　点検の基本
　　3−2−2　上部構造主要構造部位の着目ポイント
　　3−2−3　PC橋に特有な損傷
　　3−2−4　下部構造の着目ポイント

はじめに

　点検の目的は，橋梁の安全確保と長寿命化を図るために診断に必要となる適切な情報を取得することであり，供用中の構造物の状態を可能な限り適切に把握することです．コンクリート橋の場合には，図-3.1の左枠内に示すような変状がないかを主眼に調査することになります．効率よく的確に調査するために，一般に，定期点検，日常点検，特定点検，異常時点検等，その目的に応じた点検があります．定期点検は，あらかじめ一定の期間を定めて定期的に近接目視等を実施し，構造物全体の健全性を的確に把握するために実施するものです．そのほか，日常点検は，巡回等に併せて日常的に行われ，特定点検は，塩害等の特定の事象に特化した点検，必要に応じて行われる中間点検や地震時等の異常時点検などがあります．これらは，お互いに情報を共有して行うことが重要です．

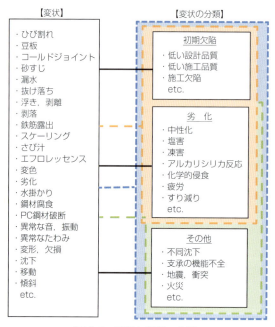

図-3.1　変状と変状の分類

点検では，変状の有無を調査するほかに，橋梁の置かれている気象環境，交通量，凍結防止剤の散布状況等の情報も診断にあたって取得しておく必要があります．

変状は，**図-3.1**の右枠内に示すように，コールドジョイント等の初期欠陥のような短期的なものと，中性化のような時間をかけて生じる変状（劣化），その他として，地震，衝突，火災等による変状に分類できます．劣化は，時間の経過とともに変化するので，時間軸を念頭に置いて点検することが，現状の把握，将来の予測において重要です．また，劣化単独の場合より，初期欠陥やその他の要因による変状が組み合わさることで，劣化の進行，劣化範囲が拡大する場合があります．よって，早期に変状を発見することが，劣化の防止，抑制に寄与することになります．

第3章では，コンクリート橋の点検にあたって知っておきたい変状とその要因，機構を概説し，次に具体的にコンクリート橋を点検するときのポイントとして，発生しやすい部位と変状の種類の解説を行います．

3-1 変状とその機構

温度ひび割れ，豆板（ジャンカ），コールドジョイント，砂すじ等の初期欠陥は，低い施工品質や施工欠陥によって発生します．具体的には温度ひび割れは，若材齢で十分な強度が得られていないコンクリートに温度応力が作用することでひび割れる現象であり，1回の打設数量が大きいマスコンクリートの場合や，配合において単位セメント量が多く発熱量が大きい場合に，打込み後の養生が不十分であると発生します．また，コールドジョイントはコンクリート打重ねにおいて間隔が空き過ぎた場合や打重ね部分の締固め不足によって発生します．どちらの変状も，施工中に発生することから，その時点で発見できていれば発生要因を特定することは比較的容易です．

ただ，供用後数年してから発見されたひび割れが，初期欠陥によって発生しているのか，その他の劣化機構により発生しているのかを判断するのが難しくなるので早期の見極めが重要となります．

劣化には様々な機構とその要因があります．**表-3.1**に各種劣化機構とその劣化

3 コンクリート橋の点検のポイント

表-3.1 劣化機構と要因，現象，指標の関連[1]

劣化機構	劣化要因	劣化現象	劣化指標
中性化	二酸化炭素	二酸化炭素がセメント水和物と炭酸化反応を起こし，細孔溶液中のpHを低下させることで，鋼材の腐食が促進され，コンクリートのひび割れや剥離，鋼材の断面減少を引き起こす劣化現象.	中性化深さ 鋼材腐食量 腐食ひび割れ
塩害	塩化物イオン	コンクリート中の鋼材の腐食が塩化物イオンにより促進され，コンクリートのひび割れや剥離，鋼材の断面減少を引き起こす劣化現象.	塩化物イオン濃度 鋼材腐食量 腐食ひび割れ
凍害	凍結融解作用	コンクリート中の水分が凍結と融解を繰り返すことによって，コンクリート表面からスケーリング，微細ひび割れおよびポップアウトなどの形で劣化する現象.	凍害深さ 鋼材腐食量
化学的侵食	酸性物質 硫酸イオン	酸性物質や硫酸イオンとの接触によりコンクリート硬化体が分解したり，化合物生成時に膨張圧によってコンクリートが劣化する現象.	劣化因子の浸透深さ 中性化深さ 鋼材腐食量
アルカリシリカ反応	反応性骨材	骨材中に含まれている反応性シリカ鉱物や炭酸塩岩を有する骨材がコンクリート中のアルカリ性水溶液と反応して，コンクリートに異常膨張やひび割れを発生させる劣化現象.	膨張量 （ひび割れ）
床版の疲労	大型車通行量	道路橋の鉄筋コンクリート床版が輪荷重の繰返し作用によりひび割れや陥没を生じる現象.	ひび割れ密度 たわみ
すり減り	摩耗	流水や車輪などの摩耗作用によってコンクリートの断面が時間とともに徐々に失われていく現象.	すり減り量 すり減り速度
床版の土砂化	コンクリートへの浸水	道路橋の床版に雨水等が浸入し，輪荷重の繰返し作用により，骨材が分離して土砂化する現象.	床版ひび割れ 漏水

参考文献1）［維持管理編］を基に加筆

表-3.2 劣化機構と劣化現象の特徴

劣化機構	劣化現象の特徴
中性化	鉄筋軸方向のひび割れ，コンクリートの剥離
塩害	鉄筋軸方向のひび割れ，さび汁，コンクリートや鉄筋の断面欠損
凍害	微細なひび割れ，スケーリング，ポップアウト，変形
化学的侵食	変色，コンクリートの剥離
アルカリシリカ反応	膨張ひび割れ（拘束方向，亀甲状），ゲル，変色
床版の疲労	格子状ひび割れ，角落ち，遊離石灰
すり減り	モルタルの欠損，粗骨材の露出，コンクリートの断面欠損
床版の土砂化	舗装ひび割れ，くぼみ，泥の噴出，漏水

46

表-3.3　環境条件，使用条件から推定される劣化機構[1]

外的要因		推定される劣化機構
地域区分	海岸地域	塩害
	寒冷地域	凍害，塩害
	温泉地域	化学的侵食
環境条件および使用条件	乾湿繰返し	アルカリシリカ反応，塩害，凍害
	凍結防止剤使用	塩害，アルカリシリカ反応
	繰返し荷重	疲労，すり減り，土砂化
	二酸化炭素	中性化
	酸性水	化学的侵食
	流水，車両	すり減り

写真-3.1　塩害によるコンクリートの断面欠損

要因，劣化現象を示します．また，その中には，コンクリートそのものが劣化するものと，コンクリート中の鋼材の腐食による体積膨張によってコンクリート表面に劣化現象が現れるものがあり，塩害や中性化は後者に該当します．塩害は，コンクリート中に侵入，あるいはあらかじめ入っていた塩化物イオンが鉄筋の不導体皮膜を破壊し鋼材の腐食が進行し膨張することによって，コンクリートのひび割れや剥離，鋼材の断面減少を引き起こす劣化現象です．

塩害は，海岸沿いのコンクリートに海からの飛来塩分の浸透・蓄積により発生する場合もあれば，除塩しない砂を細骨材として使用した場合に発生することもあります．また，冬期にまかれる凍結防止剤に含まれる塩化物イオンの侵入で発生することもあります．つまり，コンクリート中の塩化物イオンの蓄積原因は，多岐にわたります．

コンクリート構造物を劣化させる機構とその要因は，様々なものがありますが，劣化によりコンクリートの表面に現れる現象も，ひび割れ，剥離，剥落，エフロレッセンス（表面に浮き出る白い生成物），さび汁，ゲルの滲出，鉄筋露出，スケーリング，変色など多様です．

3　コンクリート橋の点検のポイント

　コンクリート構造物を診断する場合，どの劣化機構により劣化現象が現れたのかを探ることが出発点となります．

　コンクリート表面に現れる劣化現象は，**表-3.2**に示すように劣化機構が異なっても似かよった現象が現れる場合があり，劣化現象から劣化機構を特定することは難しいのが実情です．そのため，**表-3.3**に示すような構造物が置かれている環境条件や，使用条件を調べるとともに，**表-3.1**に示した劣化指標も詳細点検で調べることが必要となります．

　点検によって確認できる代表的な劣化現象とその劣化機構を以下に示します．

・コンクリート中の鋼材の腐食により，劣化現象が現れるもの

　　-----塩害，中性化

・コンクリートそのものの品質低下により，劣化現象が現れるもの

　　-----アルカリシリカ反応，凍害

・外力により，劣化現象が現れるもの

　　-----床版の疲労（床版ひび割れ），土砂化

　劣化機構の中でも，特に留意が必要なのは，「塩害」です（**写真-3.1**）．なぜならば，他の劣化機構と比較して，塩害による劣化進行は早いため，早期の対応が必要であるためです．そこで，塩害の疑いがある場合には，詳細調査を実施するか，その状況を正確に記録しておき，次回点検時に進行度合いが判定できるようにする必要があります．また，さび汁を伴ったひび割れは，内部鋼材が腐食している可能性があるため，テストハンマでひび割れの周辺をたたいて，その打音から浮き・剥離の有無を確認してください．すでに塩害補修が実施されているものでも，コンクリート中の塩化物イオン量が高い場合は，再劣化を起こします．表面被覆材のふくれ，浮き，剥離，ひび割れ等に留意してください．

3-2　コンクリート橋の点検のポイント

3－2－1　点検の基本

1）構造物の全体の変形，沈下，移動の把握

　橋梁全体を遠望し，地覆・高欄の通りを見てください．**写真-3.2**の場合は，橋

写真-3.2　橋梁斜め側面からの遠望

梁中央部で高欄の縦断方向の折れが見られ，橋脚の沈下等の損傷が予想されます．また，橋台パラペットと主桁との遊間を見ることも大切です．

2）構造物の置かれている環境状況の把握

沿岸部の飛来塩分，あるいは山間部の冬期凍結防止剤の散布が想定される場合を十分把握してください．

3）近接目視による状況の把握

近接目視は，肉眼により部材の変状等の状態を把握して評価が行える距離まで近接して目視を行うことで，適切な情報を入手することができます．点検では，ひび割れ，エフロレッセンスやさび汁の滲出，剥離，剥落，鉄筋露出等の変状を確認し，記録してください．また，塩害環境下では軽微な損傷でも見逃さないように点検してください．

4）緊急対策が必要な損傷の把握

著しい鋼材の腐食や破断等異常な状況を発見したら，直ちに道路管理者に連絡してください．

第三者被害の発生の可能性のある浮き・剥離は石刃ハンマ（セットハンマとも呼ぶ）等でたたき落としてください．

3-2-2　上部構造主要構造部位の着目ポイント

以下に，鉄筋コンクリート（RC）桁やプレストレストコンクリート（PC）桁で構造的に変状が発生しやすい，点検時に着目する必要のある部位を示します．

1）主桁支間中央部

輪荷重による最大曲げモーメント発生位置で主桁下縁付近は主要な鋼材が集中的に配置されています．PC桁の場合，一般に曲げひび割れを許容していないので，

この位置で曲げひび割れは発生してはいけないのですが，何らかの要因によってひび割れているケースがありますので，特に注意が必要です（**図-3.2，写真-3.3**）．

2）主桁支間1/4付近

主桁に作用するせん断力によって，ウェブには斜め引張応力度が発生します．特に作用するせん断力が大きく，ウェブ厚が薄い桁橋ではこの応力度によってひび割れるケースがありますので，注意して点検してください（**図-3.3，写真-3.4**）．RC桁の場合は，この位置で主筋の鉄筋を曲げ上げて配置し，斜め引張応力度に抵抗させていますが，これが機能しているかどうかを注意して点検してください．

3）支承周辺部

支承周辺は上部構造の反力が集中する箇所ですが，鋼材が密集しコンクリートの打込みにおいて，豆板等，施工欠陥となりやすい箇所ですので，特に注意を必要と

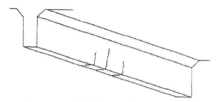

図-3.2　支間中央部に生じるひび割れ

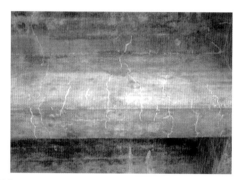

写真-3.3　RC桁の支間中央部に発生した曲げひび割れ

図-3.3　支点付近に生じる斜めひび割れ

写真-3.4　RC桁のせん断ひび割れ（右が支点）

写真-3.5　支承部周辺の主桁のひび割れや剥離

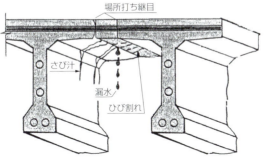

図-3.4　打ち継目の漏水，さび汁

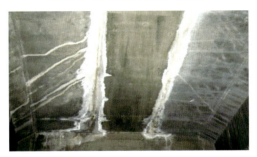

写真-3.6　主桁と打ち継目部の漏水

します．主桁下面や沓座モルタル，桁掛かり付近に着目してください．また，雨水や土砂なども溜まりやすく，支承の機能障害や腐食等の劣化にも留意するようにしてください．

さらに，伸縮装置からの漏水には特に留意が必要です．**写真-3.5**の場合は，伸縮装置からの漏水により，主桁端部から劣化が進展し，主桁にひび割れや剥離が生じた例です．また，伸縮装置の漏水は，下部構造のアルカリシリカ反応を促進しますので，上部構造だけでなく，下部構造の劣化にも注意してください．

4）打ち継目の漏水・さび汁

プレキャストによる主桁と場所打ちの間詰めコンクリート部の打ち継目から，橋面水の漏水により，エフロレッセンス，さび汁が発生する可能性が高いため，留意してください．特に，橋面防水層が破損している場合は，漏水によるエフロレッセンスが発生しやすくなります（**図-3.4**，**写真-3.6**）．

3－2－3　PC橋に特有な損傷

1）PC鋼材に沿って発生するひび割れ

主桁側面（ウェブ）の主桁ケーブルに沿って発生したひび割れがないか確認してください．グラウトの充填不足でシース内部に空洞があると，浸透した雨水がこの空洞に溜まります．この水がPC鋼材を腐食させるほか，凍結による膨張の原因となって，シースの位置に沿ったひび割れを発生させた事例が多く見られています．シースの位置を想定して，漏水によるさび汁やエフロレッセンスの有無を点検してください（**図-3.5**，**写真-3.7**）．

特に，1993年（平成5年）以前に施工されたポストテンションT桁橋は，主鋼材を主桁上縁に定着している可能性が高いため，注意して点検する必要があります．

また，上縁定着部だけでなく，桁端部からの水の浸入経路にも留意した点検を行う必要があります．

2）定着部付近のひび割れ

PC橋は桁端部でPC鋼材を定着していることが多く，大きな応力が作用している部分です．定着具の背面に生ずる局部応力に対する補強鉄筋の配置が不足している場合には，この付近にひび割れが発生しますので，この損傷にも着目してください．

3）PC鋼材定着部後埋め保護コンクリート部のエフロレッセンス，さび汁

写真-3.8では，定着部に生じる損傷を示します．

3－2 コンクリート橋の点検のポイント

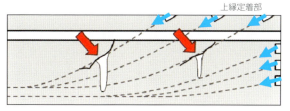

図-3.5　シースに沿って生じるひび割れと
PCT桁の水の浸入経路（PC鋼材上縁定着部）[1]

写真-3.7　主桁側面に沿ったひび割れとエフロレッセンス

a) 張出し床版先端部の定着具の露出　　b) 横桁横締めPC鋼材の腐食

写真-3.8　定着部に生じる損傷

a．床版横締め定着部

写真-3.8 a) では，床版横締め定着部コンクリートにさび汁が発生しています．この損傷は，床版防水工の劣化部から橋面水が後埋めコンクリート部に浸透して生じたものです．コンクリートのかぶり不足が原因で，定着具（アンカープレート）が露出している場合は，PC鋼材等の腐食進行も考えられるので，特に念入りな点検が必要です．

b．横桁定着部

PC鋼材定着部の後埋めコンクリートの打継ぎ部，ひび割れ等から雨水が浸入

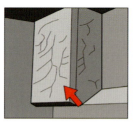 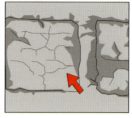

図-3.6　横桁定着部に生じるひび割れ[1]

し，コンクリートにひび割れ，剥離，浮きが生じ，それらが進行するとコンクリートが剥落し，**写真-3.8** b）に示すように，PC鋼材の先端や定着具が露出して腐食します．**図-3.6**に横桁定着部に生じるひび割れを示します．

　また，グラウト充填不足を伴う場合は，定着部からの雨水等の浸入により，エフロレッセンス，さび汁等が滲出し，PC鋼材が腐食する場合があるので注意して点検する必要があります．

4) PC鋼材の破断および突出

　横締め鋼材としてPC鋼棒を使用している場合，グラウト充填不足箇所では，シース内部の空洞に浸透した雨水がPC鋼材を腐食させ，PC鋼材が破断して突出する危険性が高くなります．**写真-3.9**には，プレテンションPC床版橋の横桁部横締めPC鋼棒が突出した様子を示します．PC鋼棒は腐食等の鋼棒損傷部を起点としてぜい性的な破断が起きるため，第三者被害の想定も含め，注意して点検してください．

写真-3.9　PC鋼棒の破断による突出

３－２－４　下部構造の着目ポイント

　下部構造の変状として，上部工に比べて多く見られるアルカリシリカ反応による劣化，下部構造特有な変状として，沈下・移動・傾斜，洗掘について以下にポイントを示します．

１）アルカリシリカ反応（ASR）

　下部構造に多い劣化機構にはアルカリシリカ反応があります．アルカリシリカ反応は，セメント中に存在するナトリウム（Na），カリウム（K）のアルカリ金属イオンと，骨材中の反応性シリカが，水の共存下でアルカリシリカゲルを生成させます．このアルカリシリカゲルが，水を吸収して膨張を起こし，コンクリートにひび割れを発生させます．

　アルカリシリカ反応によるひび割れは，施工後比較的早い時期に発生する温度応力によるひび割れや，乾燥収縮によるひび割れに比べ，施工後数年，遅いもので10〜20年後に発生します．そして，その膨張反応は長いもので発生してから10〜20年継続するものもあります．この年数は，コンクリート中のアルカリ量，配合条件，気温や水の供給などの環境条件によって異なります．

　アルカリシリカ反応は，塩害や中性化とは異なり，無筋コンクリートでも起こる現象で，コンクリート自体の強度低下，弾性係数も低下します．

　アルカリシリカ反応による外観上の損傷の特徴を列記すると下記のとおりです．**図-3.7**，**写真-3.10**にアルカリシリカ反応により下部構造に発生したひび割れを示します．

　主筋や鉄筋量の少ないコンクリート表面には，ランダムな網状のひび割れが全面に発生する場合が多く，**写真-3.10** a）に示すような，120度程度の角度に3本のひび割れが発生します．

　鉄筋コンクリート構造物では，拘束力の大きい主鉄筋の方向に沿って，**写真-3.10** b）に示すような，ひび割れが発生します．PC構造物では，拘束力の大きいPC鋼材の方向（導入プレストレス方向）に沿ってひび割れが発生します．ただし，必ずしも主鋼材の直上に発生するわけではなく，方向性のない細かいひび割れも同時に発生します．

　ひび割れ幅は，乾燥収縮等によって発生するひび割れに比べて大きく，コンクリート表面が内部の膨張力により盛り上がり，**写真-3.10** c）に示すような，ひび割れ部に段差が生じる場合があります．段差が生じている場合，アルカリシリカ

3　コンクリート橋の点検のポイント

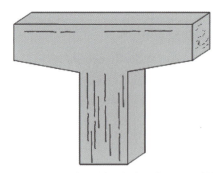

図-3.7　RC橋脚の梁部と柱部に生じるひび割れ

a）橋脚梁部の端面　　　　　　b）橋脚の柱部

c）橋脚の梁部の段差　　　　d）上部構造未施工橋脚の梁部のひび割れ

写真-3.10　アルカリシリカ反応により発生した下部構造のひび割れ

反応によって内部の鉄筋が破断していた例が報告されています．この場合はコンクリートをはつり，内部の鉄筋の状況を観察する詳細調査を実施する必要があります．

　また，写真-3.10 d）に示すように同一橋脚でも上部構造が未施工である場合，雨水の供給が多い環境条件となる梁部に多くひび割れが発生します．アルカリシリカゲルは，吸水すると膨張するため，雨水が直接当たる箇所や伸縮装置からの漏水等には注意して点検する必要があります．

2）沈下・移動・傾斜

　下部構造の沈下・移動・傾斜は，基礎を目視するだけでは確認できないのが普通

写真-3.11 伸縮装置の遊間異常と段差

です.そして,その他の部位・部材,一般的に上部構造,伸縮装置,支承,取付け護岸等に発現した変状から知ることが多くなります.例えば,高欄・地覆の軸線のずれ,伸縮装置の遊間・段差の異常(**写真-3.11**),桁端とパラペットの接触等による損傷が生じます.

斜面上に設置された下部構造では,地すべり等の地盤の変化による沈下・移動・傾斜が生じる場合があり,特に注意が必要です.また,この変状は徐々に進行する場合が多いため,進行状況に注意が必要です.

3)洗　　掘

洗掘は,基礎本体や基礎周辺の土砂が流水により削られ消失した状態です(**写真-3.12**).

直接基礎は,底面地盤に依存しているため,洗掘の影響による安定性の低下が他の形式に比べて著しく,フーチング下面に空隙が生じると橋脚の沈下,傾斜が生じ,洪水時の流水圧で転倒,流失することがあります.

一方,杭基礎の場合は,洗掘により**図-3.8**に示すようなフーチング下面の空隙が生じても,常時で問題となる可能性は小さいものの,地震時においては地盤横抵抗が期待どおり発揮されないため,杭体の破損とそれによる下部構造の転倒の可能性が高くなります.

点検は目視が原則ですが,ポールまたはスタッフを用いて河床高さの測定を行うことも必要となります.

また,洪水時あるいは洪水後に橋脚周辺の洗掘された部分に土砂が堆積し,見掛け上,洗掘していないように見受けられることがあるので注意が必要です.

洗掘深さの測定は,水位が低くて徒歩で橋脚への接近が容易な場合,あるいはフーチング上面から測深できる場合を除くと,普通は非常に困難です.その場合

3　コンクリート橋の点検のポイント

写真-3.12　洗　　掘

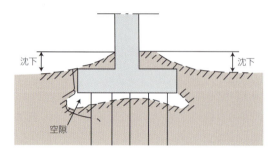

図-3.8　洗掘による空隙

は，ソナー等による詳細調査を行い，基礎の安定上重要なフーチング下面の空隙を直接確認することが必要となります．

　なお，道路橋下部構造設計指針（日本道路協会，昭和39年3月）以前に建造された古い橋梁は，基礎の根入れが浅く，現行基準で考える支持層に達していないものがあるため，特に注意が必要です．

〔参　考　文　献〕
1）土木学会：2013年制定コンクリート標準示方書［維持管理編］（2013.10）

コンクリート床版等の点検のポイント

Point of Inspection about Concrete Slab etc.

　床版とは，対岸に渡す丸太にあたる役割を果たす主桁の上で，車や人が渡るための平面を構成する重要な部材です．車の荷重を直接，繰り返し受けたり，雨や凍結防止剤の影響を直接受けるため，劣化が進みやすい部材であり，損傷事例も多く報告されています．また，損傷が路面を通る車や人に直接被害を与える可能性があります．本章では，その床版にスポットを当て，損傷の種類や点検のポイントについて説明します．

キーワード
道路橋
コンクリート床版
鋼床版
鋼・コンクリート合成床版
点検
損傷
診断

はじめに
4－1 道路橋の床版
4－2 床版の損傷と原因
　　4－2－1　鉄筋コンクリート床版の損傷進行過程
　　4－2－2　鋼床版と主な損傷
　　4－2－3　鋼・コンクリート合成床版と主な損傷
4－3 床版の点検
　　4－3－1　RC床版の点検・診断
　　4－3－2　PC床版の点検と診断
　　4－3－3　PC桁間詰め部の点検と診断
　　4－3－4　鋼床版の点検と診断

はじめに

橋梁は，建設され車や人の供用が始まると，絶え間なく通行する活荷重の影響を受けるだけでなく，日射，風雨，雪，飛来塩分などの厳しい環境にさらされ続けます．このため，橋梁は建設された時点から各部材の劣化が始まり，必要な維持管理をないがしろにすると急速に劣化が進行し，橋梁の安全性や耐荷力が損なわれる状態になってしまいます．反対に，適切な維持管理を行うことで100年を超える耐久性があることは国内外で現役として使われている多くの橋梁，例えば，1883年（明治16年）に建設された著名なブルックリンブリッジ（アメリカ・ニューヨーク）や1902年（明治35年）に建設された明治橋（大分県）を見れば明らかです．

橋梁を計画，設計するときは，安全性や使用性を長い間保つことが可能なように設計条件を決めていることから，河川改修等による橋長の変更や交通量の増加による幅員の変更等の機能的な必要性がない限り，架け替えすることはないのが一般的です．供用している橋梁を適切に維持管理するには諸元や生い立ちを知ることは当然ですが，現在どのような状態であるかを定期的に調べ，健全性がどの程度であるかを正しく把握し，損傷が確認された場合やその予兆がある場合は，速やかに対策を講ずることが重要となります．

維持管理の重要性は，近年発生した国内外の事故を見れば明らかですが，ひとたび事故が起こると，人命が失われるような事態となるだけでなく，その復旧に長期間を要することとなり，社会的・経済的に重大な損失となります．このような事態を招かないためにも，日々の維持管理と定期的な点検・診断を適切に行い，安全性，使用性等の性能確保に努める必要があります．

さて，近年の道路橋における損傷を調べると，直接車両等の荷重を受けている床版の事例が多いことが分かります．ここでは道路橋の架け替えの主たる理由ともなっている床版の安全性，耐久性を保つ重要なポイントである点検・診断について解説します．

4-1 道路橋の床版

　橋梁において，車両や歩行者が通る路面を支えている部材が床版です．道路橋の床版は，ある間隔で配置された複数の主桁の上に構築される薄板の平面構造物ですが，床版の上には，床版の天敵とも言える水の浸入を防ぐための防水層が敷設され，その上に30 mmから80 mmのアスファルト舗装が敷設されているのが一般的です．床版は，主な材料がコンクリートで，鉄筋によって補強した鉄筋コンクリート床版（以下，RC床版），引張力に弱いコンクリートにあらかじめ圧縮力を導入したプレストレストコンクリート床版（以下，PC床版），鋼のみで造られた鋼床版，コンクリートの下面全面が鋼で覆われた合成床版に大きく分類されます．

　また，RC床版とPC床版は大きく分けると，架設地点の主桁上で型枠を組み，現場でコンクリートを打設する場所打ち床版と，工場等でコンクリートを打設して床版部材を製作し，架設地点に運搬して主桁上に架設するプレキャスト床版に分類されます．鋼床版と鋼・コンクリート合成床版は，主材料が鋼であることから，主要な部分を工場等で製作し，主桁上にクレーンで架設する方式が一般的です．

　国内で多く使われているRC床版は，主桁と直角方向に主鉄筋，主桁と平行方向に配力鉄筋を配置してコンクリートを打設する構造です（図-4.1）．RC床版は，昭和30年ごろまでは品質の問題から，コンクリートも鉄筋も低い許容応力度が設

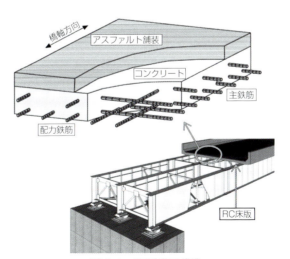

図-4.1　RC床版の構造

写真-4.1　道路橋床版の陥没事故

定され設計が行われていました．しかし，昭和30年代の後半からは，東京オリンピックの開催や高度経済成長期に多くの橋梁を建設したこと，高強度の異形鉄筋の開発やセメントの品質改良等により，鉄筋の許容応力度はそれまでの1.29倍の1 800 kgf/cm^2，コンクリートは圧縮強度の1/3と規定されました．さらに，引張側だけでなく圧縮側にも鉄筋を配置する複鉄筋断面の採用が一般化されました．

このような経緯を経て大量に建設されたRC床版は，昭和40年代の前半になると，**写真-4.1**で示すような一部コンクリートが抜け落ちて路面が陥没する事故が多発し，原因の追究が急務となりました．調査の結果，大型車両の急増と過積載車両による疲労現象が主たる要因であることが分かり，疲労耐久性向上のための方策として床版厚の増加，鉄筋の許容応力度の低減および配力鉄筋量の増加，RC床版の設計法改訂などが行われ，今日に至っています．次に，道路橋の床版に発生する損傷について解説します．

4-2　床版の損傷と原因

　道路橋に使われている床版は3つのタイプに分類されますが，最も多く使われているコンクリート床版の損傷と原因について解説します．

　コンクリート床版に発生する損傷は，ひび割れ，遊離石灰（コンクリート中のカルシウム分Ca（OH）$_2$が溶け出し，空気中の炭酸ガスCO$_2$と反応してできる白色の生成物）の析出，コンクリート片の剥落，床版上面のコンクリートが土砂のようにぼろぼろになる土砂化

（骨材化現象），コンクリート塊の抜け落ちなどがあります．

損傷の要因を大分類すると，

①重車両の繰返し走行により発生したひび割れに，雨水などが浸入してさらに劣化が促進される疲労劣化によるもの

②飛来塩分や凍結防止剤の散布による塩化物の侵入による内部鉄筋の腐食など，気象や周辺環境によるもの

③コンクリートの中性化（アルカリ性のコンクリートが大気中の炭酸ガスと反応して中性となる現象）や，アルカリシリカ反応（骨材中の活性シリカ成分がセメントのアルカリ類と化学反応して膨張し，ひび割れる現象）など材料劣化によるもの

以上の3つに分類することができます．

4－2－1　鉄筋コンクリート床版の損傷進行過程

鉄筋コンクリート床版の代表的な損傷である，ひび割れから抜け落ちに至る過程の主たる要因は，荷重の大きな車両の繰返し走行による疲労劣化です．コンクリート床版の損傷進行過程は，橋軸直角に1方向のひび割れの発生する**段階Ⅰ**から，陥没抜け落ち破壊となる**段階Ⅳ**まであります（図-4.2）．

・段階Ⅰ

　　コンクリートは打設後，硬化に伴い内部の水が排出され収縮します．これを乾燥収縮と呼びますが，鋼桁が床版コンクリートの乾燥収縮を拘束することから，床版には橋軸方向に引張応力が作用します．これによって橋軸直角方向の微細なひび割れが発生し，床版下面に1方向の曲げひび割れとなって進行します．

・段階Ⅱ

　　段階Ⅰで発生した橋軸直角方向のひび割れが車両による繰返し荷重によってひび割れ本数が増加するなど進展することで，版として機能していた床版の異方性化が進み，橋軸方向に連続して置かれた梁のような状態に近くなり，曲げモーメントによる負荷が増えて橋軸方向の2方向ひび割れに進展します．

・段階Ⅲ

　　段階Ⅱで進展した2方向ひび割れは，垂直およびねじりせん断力によってさらに進展し，亀甲状となります．この段階となると，床版上面と下面のひび割れは一体化して貫通します．路面の水等が上下貫通したひび割れに浸入，床版下面に遊離石灰が析出することになります．

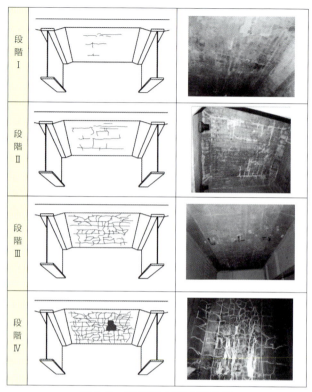

図-4.2 RC床版の損傷進行過程

・**段階Ⅳ**

　コンクリート床版劣化の最終段階が**段階Ⅳ**です．亀甲状のひび割れ面は，砥石のようにこすり合わされて鉄筋の付着力を失うだけでなく，ひび割れ自体が開閉し，ひび割れに面するコンクリートの角落ちやコンクリート片の剥落等が発生，押抜きせん断によって局所的なコンクリート抜け落ち，陥没状態となります．

以上が，RC床版の損傷進行過程です．

4-2-2 鋼床版と主な損傷

　コンクリートを使わずに，鋼材のみで床版が造られたものが鋼床版です．1枚の鋼板では車両の荷重を支えられないことから，12 mmから16 mm程度の厚さの鋼板の下面に，補剛する機能を持つ板厚が6 mmから8 mmの縦リブと横リブを

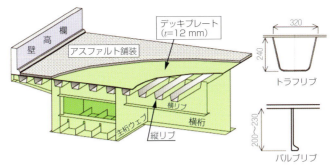

図-4.3　鋼床版の概要

設置することで版として機能し、作用する荷重を支えます。鋼床版において舗装の下に配置される鋼板をデッキプレートと呼び、橋軸方向のリブは縦リブ、橋軸直角方向のリブは横リブと呼びます。鋼床版に使われている縦リブには断面が台形状の開断面リブ（トラフリブ）、板の下端に突起の付いたバルブリブ、板状の平リブが一般的に使われています。縦リブと交差する横リブには、製作の際の組合わせ時に必要となる切抜き（スカラップやスリットと呼びます）が設けられますが、これらの接合部に力が集中することで、疲労き裂が発生することがあります。以前はデッキプレートの板厚は12 mmが標準とされてきましたが、トラフリブを用いた鋼床版においてデッキプレートの溶接部に疲労き裂が多く発生したことから、2012年（平成24年）以降のトラフリブを用いる重車両直下の床版には16 mm以上の板厚を確保するように規定されています。鋼床版の概要を図-4.3に示します。

　鋼床版は、薄いデッキプレートで車両を直接支持する構造であることから、疲労の影響が大きいと考えられてきたため、疲労き裂が発生しないように局部的な応力集中を低減することを目的として工夫された詳細構造が採用されてきました。しかし、高度経済成長期以降の国内における交通事情は、車両の大型化や過積載車両の影響も大きく、1980年（昭和55年）ごろから疲労き裂が多くの橋梁で発見されるようになりました。その後、1990年には、疲労き裂に配慮すべく「鋼床版の疲労」を土木学会から発刊、その後、疲労き裂に対処する目的で1997年に「鋼橋の疲労」を、2002年に「鋼道路橋の疲労設計指針」が日本道路協会から発刊、道路橋示方書の規定も改定されています。

4－2－3　鋼・コンクリート合成床版と主な損傷

　鋼・コンクリート合成床版は、型枠と鉄筋の機能を兼ねた鋼板を床版の下面に配

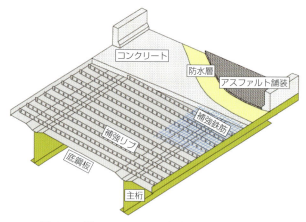

図-4.4　鋼・コンクリート合成床版の概要（事例）

置し，上側にコンクリートを打設して一体化させた構造であり，現場における工期の短縮と床版の高耐久性を求めて開発された床版です．現場での型枠作業が省略できるために工期短縮，安全性確保が容易なことから，近年，採用事例が増加しています．詳細構造の違いから様々な種類がありますが，歴史が比較的新しく，輪荷重走行試験（車両の走行を模擬した床版用の試験）によって高耐久性が確認されていることから，損傷事例の報告が少ない床版です．鋼・コンクリート合成床版の概要を図-4.4に示します．

4-3 床版の点検

　橋梁に求められる性能を保つ基本は，適切な維持管理を行うことです．ここで示す適切な維持管理とは，対象となる橋梁の現状を正しく把握する点検，点検した結果を基に健全性もしくは損傷程度を定量的に評価する診断，診断の結果を活かし，望ましい状態を確保する適切な措置を行うことです．
　床版の抜け落ち等の致命的な損傷に至らないために最も重要となるのは，コンクリート床版であればひび割れや遊離石灰の有無，鋼床版であれば，き裂や変形の有無，鋼・コンクリート合成床版であればコンクリートの空隙や鋼材のき裂の有無を

確認するための近接目視点検となります．

　点検を適切に行うには，点検対象となる床版の寸法や使用されている材料などの諸元，設計・施工資料等の特性を事前に把握し，過去の点検・診断，補修・補強履歴を参考に，床版を構成する部位の状態を効率的に正しく把握できる方法によって行うことが必要となります．そのためには，点検を行う人が対象となる橋梁の構造，材料，設計基準に関する種々な知識を有し，橋梁を構成する各部材の役割を正しく理解していることが求められます．ここでは使用材料別の点検と診断について解説します．

4－3－1　RC床版の点検・診断

　RC床版の点検は，第一にコンクリートに発生しているひび割れの確認を行うことです．床版の劣化過程は先に示したように**段階Ⅰ～Ⅳ**の順で移行することになるので，ひび割れを発見した場合，Ⅰ～Ⅳのどの段階であるかを判断し，車両の通過によってひび割れが息している状態（ひび割れが開閉する状態）かどうかを確認することが必要となります．ひび割れが開閉している場合は，ひび割れのエッジ部が角欠けを伴うことが多いので，開閉の有無だけでなく，ひび割れ部の角欠けの確認によって進行性のひび割れかどうかの判断も容易となるので留意する必要があります．ひび割れが発生している部分に遊離石灰の析出が認められる場合は，路面からひび割れに雨水が浸入している可能性が大きいので，床版上面から下面までひび割れが貫通していると判断することができます．このような場合は，ひび割れ面が擦り合わされて砥石のような状態に移行し，損傷が急速に進行する状態となりやすいので，ひび割れだけでなく遊離石灰の析出箇所も特定して，経過観察を重点的に行うことが必要となります．

　写真-4.2で示すように床版の鉄筋が露出し，鉄筋が腐食している場合，目視で

写真-4.2　鉄筋の露出とたたき点検

確認できる露出鉄筋以外の周辺の鉄筋も同様な状態となっている可能性があります．このような状態では，路面を通行する車両による床版の変形に伴って鉄筋より下側のコンクリートの部分（かぶりコンクリートと呼びます）が剥落するおそれがあるので注意が必要です．

　補修のために床版を部分的に打ち替えた場合や，拡幅のために新しい床版を後から打ち足した場合は，新旧床版の継目部分（打ち継目と呼びます）にひび割れや接着不良などの欠陥が出やすいので，このような打ち継目は特に注意して点検する必要があります．

　供用している床版の中には，設計活荷重の変更に伴い耐荷力を補強する目的で，床版の下面に鋼板や炭素繊維等が接着されている場合もあります．これらの補強がされた床版では，補強材の固定ボルトの腐食や，周辺部の漏水の有無，接着した鋼板および炭素繊維版の端部からの漏水，さび汁の有無を確認することが必要となります．

　これらの箇所からの漏水，さび汁，遊離石灰等が多量に確認される部分は，鋼板および炭素繊維の接着不良が考えられますので，該当する周辺部をハンマでたたき，空洞や接着不良箇所を特定する必要があります．空洞部や接着不良箇所は，点

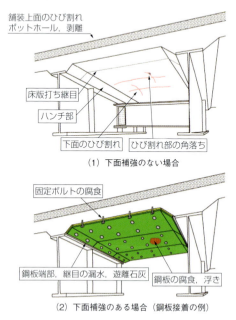

図-4.5　鉄筋コンクリート床版の点検のポイント

検ハンマ等で軽くたたくと健全な部分と比べて明らかに高い音がするので，比較的容易に判別ができると思います．

コンクリート床版点検における着目箇所は次のとおりです（**図-4.5**）．
①橋梁端部の伸縮装置の付近（車両が橋梁に進入する際に衝撃力がかかります）
②床版支間中央付近の下面
③ハンチ部分
④床版打ち継目（施工目地，新旧床版打ち継目）
⑤床版補強鋼板および炭素繊維接着部分

舗装路面の点検によっても床版の損傷が明らかとなる場合があります．具体的には，路面アスファルト舗装のポットホール，浮き，剥離，網状のひび割れがある場合や，同じ箇所で何度も舗装の補修が行われている場合には，その下のコンクリート床版に土砂化や，鋼床版の場合はき裂発生等の劣化が生じている可能性があります（**写真-4.3**）．床版の点検ポイントとしては，路面の状況を注意深く調査することも重要です．

4－3－2　PC床版の点検と診断

PC床版には，前述のとおり場所打ち床版と，プレキャスト床版があります．場

(1) 路面の変状

(2) 床版上面の土砂化，鉄筋の露出（舗装撤去後）

写真-4.3　路面の変状と床版上面の土砂化

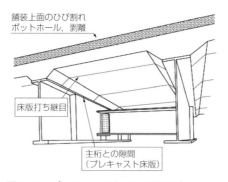

図-4.6　プレキャスト床版の点検のポイント

所打ち床版の場合，すべてのコンクリートを連続的に打設するのではなく，日にちを空け，コンクリートを何区画かに分けて打設するのが一般的です．その場合，材齢（コンクリートを打設してからの期間）の異なるコンクリートの打ち継目部分に，ひび割れや剥離等が発生しやすいので注意が必要です．

プレキャスト床版の場合，床版端部の伸縮装置との接合部は，施工上の理由から現場で別途取合い等を考慮して施工される場合がほとんどですが，場所打ち床版と同様に材齢差によるひび割れが発生しやすいので注意が必要です．また，プレキャスト床版といえども，工場で製作された床版と床版の継目部分は現場で施工することになるので，品質の確保が難しくなります．このように床版の継目の部分は，いずれの部分も構造上の弱点となりやすく，ひび割れ，遊離石灰の析出，剥離等が発生しやすいので十分注意して点検する必要があります．プレキャスト床版の点検のポイントを図-4.6に示します．

4-3-3　PC桁間詰め部の点検と診断

PCT桁やI桁で，主桁間を並列的に設置し，桁の間を現場でコンクリートを打設する構造（間詰め床版と言います）があります．PC桁と場所打ち部分は，前述したように材齢も異なるコンクリートであることから，ひび割れや遊離石灰の析出が確認されることが多い部位です．このような構造を採用し致命的な損傷となった事例には，桁部材と間詰め床版との一体化が不十分なことが原因であることが多く，最悪の場合，写真-4.4で示すように間詰め床版が抜け落ちる場合もあります．特に，1969年（昭和44年）ごろまでは，桁部材のフランジにテーパー（taper：間詰め床版を抜け落ちにくくするために設ける断面を変化させる詳細構造）が無く，補強鉄筋も無い構造が採用

写真-4.4　間詰め床版の抜け落ち

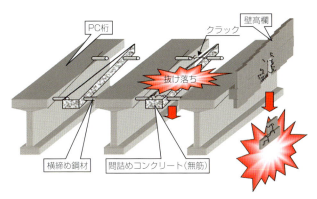

図-4.7　PC桁間詰め部の損傷原因と概要

されていたため，間詰め床版の抜け落ちに十分注意して点検する必要があります．PC桁間詰め部の抜け落ちの原因と概要を図-4.7に示します．

4-3-4　鋼床版の点検と診断

　鋼床版の損傷の中には，路面が陥没し，車輪がはまり込んだ事故事例があります．原因はデッキプレート部を貫通した疲労き裂で，縦リブにトラフリブが採用された場合に発生する可能性が指摘されています．このデッキプレートと縦リブ接合部の溶接部に発生するき裂は，鋼床版に発生した事例数の20％程度に過ぎませんが，重大な損傷となる場合もあるので十分注意して点検することが必要です．

　鋼床版の主な点検対象は，塗膜などの防食機能の劣化と鋼材の腐食，溶接部の疲労き裂，変形ですが，疲労き裂の場合は塗膜割れを目安にして点検を行うことになります．

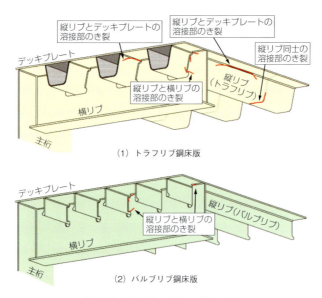

図-4.8　鋼床版の点検のポイント

　防食機能の劣化は，遠望から塗膜の劣化箇所を特定し，該当する箇所がどのような部分であるのか，特定の部分に集中していないか，鋼材の板厚減少を伴う腐食となっていないのか等を確認します．次に，損傷のある部分を近接目視し，上塗り，中塗り，下塗り等のどの部分まで損傷しているかを確認します．鋼床版は，著しく腐食して板厚が減少すると断面が足りなくなって耐力が低下し，最悪の場合，舗装が抜け落ちることもあるので十分注意して確認することが必要です．

　鋼床版の疲労き裂は，溶接部に発生する場合がほとんどです．疲労き裂の点検を行う場合は，対象部に十分に接近し，き裂を見逃さないようにする必要があります．き裂の点検には，塗膜のひび割れやさび汁が発生している部分に内在している場合が多く，塗膜を丁寧に剥ぎ，磁粉探傷試験などの非破壊検査を併用して行うことがポイントとなります．また，鋼床版に発生するき裂はある程度パターン化されていますので（**図-4.8**），事前にどのような部位にどのようなき裂が生じやすいかを，十分に調べてから点検に臨むことが効率的です．鋼床版の疲労損傷の一例を**写真-4.5**に示します．

　路面の舗装に橋軸方向のひび割れや局部的な亀甲状のひび割れがある場合，アスファルト部分を撤去して調査すると，鋼床版に発生しているき裂を発見できる場合

(1) 横リブのき裂　　(2) 縦リブのき裂

(3) デッキプレートのき裂と舗装の陥没

写真-4.5　鋼床版の損傷事例

があります．アスファルト舗装面の段差等にも注意して点検を行うことで，走行車両の事故だけでなく，確認が容易でない鋼床版のき裂に対する詳細な調査の判断基準ともなるので重要となります．

おわりに

橋梁床版の点検・診断を行った結果，保有性能が十分でないと評価・判断された場合には，当該橋梁の重要性，対策の難易度，残存供用期間，維持管理性やライフサイクルコストなどを考慮して，要求性能を満たす対策を速やかに選定し，実施することが必要となります．

対策方法としては，点検の強化，第三者被害防止対策，補修・補強，交通制限，取換え，撤去などがあります．点検・診断の結果を活かす対策を行うには，床版の損傷発生の原因およびその程度に応じて，対策計画の策定が必要となります．

ここで示した橋梁床版の損傷は，重大な損傷と判断された昭和40年代 (1960年代) 以降，**写真-4.6**，7に示すように数多くの対策が行われ今日に至っています．また，床版の抜け落ち事故が多発した時代には，RC床版が鋼桁と合成されている構造 (合成桁) が事故の原因であるとの誤解が生じ，合成桁の採用が控えられた悲しい時代もありました．これらは，床版が背負っている交通機能確保の重要性から

4 コンクリート床版等の点検のポイント

写真-4.6 床版下面補強の例

写真-4.7 床版取替え工事

写真-4.8 床版の抜け落ち

誤った判断を生む結果となったものです.

　全国70万橋の道路橋には，いまだ未対策の橋梁が膨大な数残されています. 国内の種々な橋梁を見てきましたが，損傷がかなり進行しているにもかかわらず，対策されていない未措置の床版や，対策されたにもかかわらず損傷が再発している床版もあります.

　写真-4.8のような床版が抜け落ちる状態となった原因は，対策する費用が無い場合や管理している組織の専門技術者の技術力の不足だけでなく，認識が不足している場合もあります. 床版の損傷事故は，路面上を通行している車両や人だけでなく，橋梁下を利用する人々にも被害を及ぼすことがあるので，早め早めの対策を心掛けることが重要です. 合成桁採用を控えていた時代と同様に，今日ある床版の損傷が引き金とならないことを祈るばかりです. 今回示した内容が多くの関係者に理解され，役立つことを期待したいと思います.

5　道路橋の点検

Inspection of the Highway Bridge

　前章までは，橋とその損傷に関する基礎知識を説明してきました．本章以降は，いよいよ点検の実践編となります．橋を点検するためには現地をよく見ることが最も重要ですが，いきなり橋を見に行ってもうまくいきません．装備，橋の図面，点検要領の確認など，事前準備が重要です．また，現地では局部を見るだけでなく，橋の全体を眺めることも重要です．本章では，鋼橋，コンクリート橋に共通する点検の基本事項をまとめました．

キーワード
道路橋
コンクリート床版
鋼床版
鋼・コンクリート合成床版
点検
損傷
診断

はじめに
5－1　点検の前に必要な準備
5－2　用語の意味
5－3　「道路橋定期点検要領」のポイント

はじめに

前章までは，橋の基礎知識，鋼橋・コンクリート橋・床版の点検のポイントの説明でした．いわば，基本的な知識の習得（基礎編）の章であり，これからの章は実践編となります．

次章からは，実際の橋を対象に記録した結果などを紹介しますが，ここでは点検の中でも「道路橋定期点検要領（平成26年6月，国土交通省 道路局 国道・防災課）」（以下，要領）を中心に説明いたします．

まずは，要領にある用語の意味，要領のポイント，健全性の診断方法（区分 I，II，III，IV），点検の着目箇所を具体的に解説したいと思います．また，路面状況，橋脚や橋台の移動など，全体性状を把握するための基本的な点検項目についても紹介します．

ここで，ちょっと考えてみましょう．写真を撮る，ひび割れ図などの損傷の事実の記録を行う，それだけが点検だと考えている人がいるかもしれません．ここでの点検は，道路橋の健全性を技術者が自ら現地で橋を診察して，その診断を行うところまでを言います．

今回は，橋を患者とし，技術者は人でいう医者と同じと考え，人の場合と対比して，橋の点検をできるだけ身近に感じるように説明します．

5-1 点検の前に必要な準備

点検前の準備・計画，点検装備は，前掲の **2 鋼橋の損傷と点検のポイント** を参照してください．ここでは，まだ説明されていない，安全対策について解説します．

通常，橋の点検は地面に近い位置ではなく，地面より高い場所で行われます．そのため，点検は危険を伴うため，安全対策には十分に留意しなければなりません．例えば，高さ2m以上で作業を行う場合，点検に従事する者が墜落するおそれがある場所では，必ず安全帯を使用します．その他留意しなければならない点としては，

5 道路橋の点検

- 足場，昇降設備，手摺り，ヘルメット，安全帯等のチェックは点検前に必ず実施する．
- 足場，通路等は整理整頓が必要で，安全な通路の確保を行う．
- 道路あるいは通路上の作業は，必ず反射チョッキ等を着用し，必要に応じて誘導員を配置するなど，作業区域への第三者の立入りを防止する．
- 高所作業車等での作業では，第三者被害も想定されるので，用具等は絶対に落下させないよう注意する．
- 密閉されていた場所で作業する場合には酸欠状態を調査後，点検作業を行う．

点検時には，道路を交通規制することもあります．その場合は，「道路工事保安施設設置基準（案）」等の各基準や関係法令に基づき，十分留意して，安全を確保し作業を行うことが必要です．

5-2 用語の意味

点検に必要と思われる用語を解説します．

(1)「点検」の意味

点検は，まず道路橋の変状や道路橋にある付属物の変状や取付け状態の異常を発見し，その程度を把握することを目的としています．人は検査・診断を正しくすることで，病気の早期発見につながり，結果的に寿命を延ばすこととなります．これは橋も同様です．

つまり橋の点検は，人でいう医者が診察することと同じです．人でいう癌などの症状が腐食，ひび割れ等の変状にあたり，人の健康診断結果，病歴・治療歴などのカルテが，橋の損傷履歴，維持管理履歴および点検履歴に相当します．

すなわち点検は，①橋の異常を把握し，②橋の状態を総合的に分析する資料を作成することであり，③また場合によっては，詳細な調査を必要とすることを提案します．これは医療現場で異常かどうか確認できない場合に，CT，MRI検査など種々な試験器具によって，より詳細に調べることと同様です．

(2) 定 期 点 検

2014年3月に公布され，7月に施行された「道路法施行規則の一部を改正する

省令」により，点検期間が5年に1回と定められたことは，すでにご存じだと思います．定期点検は，道路橋の最新の状態を把握するとともに，次回の定期点検までの措置の必要性を判断するうえで必要な情報を得るために行うものです．

またその方法は，近接目視により行うことを基本として，すべての部材に近接して部材の状態を評価します．ここで近接目視とは，「肉眼により部材の変状等を把握し評価が行える距離で目視すること」と想定されています．一方で，「目視では限界があるため触診や打音を含む非破壊検査技術などの適用を検討すること」も想定されています．

また近接目視が物理的に困難な場合は，技術者が近接目視によって行う評価と同等の評価が行える方法を別途検討する必要があります．この場合は，「道路橋定期点検要領」の範囲外なので，例えば地方整備局の職員等に相談する等の対策が必要です．

近接する方法としては，足場点検が考えられますが，ここではそれ以外について説明します．

例えば橋の下に車両で近づける場合は，橋の下から高所作業車（**写真**-5.1）等で実施することがあります．さらに橋の下に河川等があり，立入りが困難な場合は，橋の上から橋梁点検車や点検用の足場を設置して点検することもあります．また，橋梁に検査路（と呼ばれる点検用の通路）が設けてある場合もありますので，容易に近接できない場合には，この検査路等を利用して部分的ではありますが，点検を行うことも可能です．

写真-5.1　高所作業車による点検

高所作業車や橋梁点検車は，デッキ積載重量，最上高，および作業床の寸法等が異なりますので，現場の状況・使用用途に応じて適切に車両を選定しなくてはなりません．

（3）健全性の診断

「道路橋定期点検要領」では，診断も求められています．

健全性の診断は，医師が自己の持つ知識と判断力によって，患者の症状や異常を各種検査結果およびこれまでの経過等から疾患を特定して，患者の現時点での状態を判断し，その結果から治療方針を決めることと同じです．

要領の診断は，点検または調査結果により把握された変状・異常の程度を判定区分に応じて分類し，部材単位の健全性の診断と，道路橋ごとの健全性の大きく2段階に分けて実施します．

（4）記録・措置

「点検の結果」，「調査の結果」，「健全性の診断結果」，「措置または措置後の確認結果」等を点検表に記録します．また，利用されている期間中はこれを保存・蓄積しなければなりません．

措置とは，点検または調査結果に基づいて，道路橋の機能や耐久性等を回復させることを目的に，対策，監視を行うことを言います．

具体的には，対策 （補修・補強，撤去），定期的あるいは常時の監視，緊急に対策を講じることができない場合などの対応として，通行規制・通行止めを行うことがあります．

（5）「道路橋定期点検要領」

そもそも「道路橋定期点検要領」とは，どのようなものなのでしょうか．「道路橋定期点検要領」には，「最小限の方法，記録項目を具体的に記したもの」と示されています．これはたくさんの情報を得る必要がないのではなく，必要最低限の項目しか示されていないことになります．

また，橋の重要度，規模などに応じて，より詳細な点検，記録が必要な場合は，国土交通省による「橋梁定期点検要領」等を用いるか，あるいは損傷が著しいものや複雑な構造の場合は，診断の応援を要請することもあります．

前者が診療所での健康診断，後者が専門医による詳細な診断ということになります．

5-3 「道路橋定期点検要領」のポイント

　ここからは，「道路橋定期点検要領」に示されている内容から，具体的なポイントを説明したいと思います．なお横断歩道橋には別途要領がありますので，ここでは道路橋についてのポイントを説明します．

（1）部材単位の健全性の診断

　まず，部材単位に健全性の診断をしなければなりません．

　部材については，次の**（2）判定の単位**のところで説明します．

　健全性の診断は，**表-5.1**の4つの判定区分に従って行います．各判定区分の措置の基本的な考え方は次のとおりです．

「Ⅰ 健全」は，「監視や対策を行う必要がない状態をいう」

「Ⅱ 予防保全段階」は，「状況に応じて，監視や対策を行うことが望ましい状態をいう」

「Ⅲ 早期措置段階」は，「早期に監視や対策を行う必要がある状態をいう」

「Ⅳ 緊急措置段階」は，「緊急に対策を行う必要がある状態をいう」

　なお，道路利用者・第三者被害の観点からの応急的な措置を行う必要がある場合には，それらの措置を行った後，判定しなければなりません．

　点検要領には付録2として典型的な変状と判定区分の参考例が示されています．写真を見て，どのような変状が4つの判定区分のどれに該当するのかを確認してみてください．やはり実際に現地に行き，多くの事例を見ることが各判定を理解する近道です．また，診断できない・分からない場合もあります．その場合は，放置せず「要調査」の記入を行い，専門家の判断に委ねることも必要です．

表-5.1　判定区分

区分		状態
Ⅰ	健全	構造物の機能に支障が生じていない状態.
Ⅱ	予防保全段階	構造物の機能に支障が生じていないが，予防保全の観点から措置を講ずることが望ましい状態.
Ⅲ	早期措置段階	構造物の機能に支障が生ずる可能性があり，早期に措置を講ずるべき状態.
Ⅳ	緊急措置段階	構造物の機能に支障が生じている，または生ずる可能性が著しく高く，緊急に措置を講ずるべき状態.

表-5.2　判定の評価単位の標準

上部構造			下部構造	支承部	その他
主桁	横桁	床版			

5　道路橋の点検

支承の腐食が進行しており，放置すると機能
回復が困難な状態となると思われる状況
写真-5.2　支承の機能障害（判定区分Ⅱ）

（2）判定の単位

　部材単位の健全性の診断は**表-5.2**に示す評価単位ごとに行います．上部構造の①主桁，②横桁，③床版に区分し，これに加えて④下部構造，⑤支承部，⑥その他の計6単位に分けて判定します．その他には，上部構造の縦桁や高欄などの路面上の構造物が含まれています．

　なお小さな部材ですが，支承は評価の単位の1つになります．支承は，関節のようなものです．経年劣化により機能が低下すると歩くことが困難となるのと一緒で，橋に対して良いことではありません（**写真-5.2**）．

　また評価単位のその他には，路上からの項目もあります．皮膚の発疹などで体が異常ではないかと思うように，比較的変状が分かりやすい単位です．変状については次の**（3）変状の種類**および**（6）全体性状を把握**で解説します．

（3）変状の種類

　変状とは，通常と異なった状況となっていることです．橋は痛みを感じません．そのため点検する人は，痛みと思われる橋が発した異常を示す信号（変状）を感じることが重要です．また，男性・女性でそれぞれ異なった病気があるように，橋を構成する材料で，異なった変状（病状）があります．

　橋では，鋼材を使ったものは腐食（**写真-5.3，4**）・き裂，コンクリートを使ったものはひび割れ（**写真-5.5，6**）が病気を知る兆候とも言えます．

　表-5.3は点検要領に記載された道路橋の変状です．材料の種類別とセットで，その変状の種類があります．

局部的に腐食が進行して，放置すると影響が拡大すると思われる状況
写真-5.3 腐食（判定区分Ⅱ）

主桁に広範囲に著しい板厚減少が生じている状況
写真-5.4 腐食（判定区分Ⅳ）

表-5.3 変状の種類の標準

材料の種類	変状の種類
鋼部材	腐食，き裂，破断，その他
コンクリート部材	ひび割れ，床版ひび割れ，その他
その他	支承の機能障害，その他

（4）道路橋ごとの健全性の診断

　橋ごとの健全性の診断も，**表-5.1**の判定区分に従い，**表-5.2**の評価単位ごとに行いますが，異なるのは，橋ごとの診断では橋全体を1つの総合的な評価を行う点です．当然，部材単位の健全度が橋全体の健全度へ及ぼす影響は，構造・架橋位置

目視で確認できるひび割れがあり，雨水の
浸入が疑われ劣化が進行すると思われる状況
写真-5.5 ひび割れ（判定区分Ⅱ）

主桁に多数のひび割れが生じており，内部の
鋼材が破断している可能性がある状況
写真-5.6 ひび割れ（判定区分Ⅳ）

(環境)等により異なるため，総合的な判断が必要とされていますが，主要な部材に着目し，最も厳しい健全性の診断結果を代表させてもよいとされています．

(5) 鋼橋・コンクリート橋の点検の着目点

表-5.2に示されている上部構造の中で，例えば鋼橋で重要な着目箇所は，桁端部，継手部，主桁の格点部(ガセットなど)，排水装置の近傍，路面の5つです(図-5.1)．

一方コンクリート橋の着目箇所は，桁端部，打ち継目部(鋼橋では，継手部と表現)，定着部(PC鋼材)，排水装置の近傍，路面の5つです．鋼橋と異なるのは，主桁の格

点部が定着部となったところです．詳細は，前掲の**2 鋼橋の損傷と点検のポイント**，および**3 コンクリート橋の点検のポイント**で解説していますので参照してください．

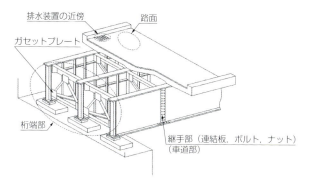

図-5.1　鋼橋の場合の着目箇所

（6）全体性状を把握

表-5.2のその他に分類されている路上の着目点です．路上を含む全体性状を把握することも重要です．背骨がゆがむと大変です．いつもと違う性状（ゆがみ）を見付けることは重要なサインです．

橋では桁端部の遊間（**写真-5.7**），路面の凹凸（**写真-5.8，9**），舗装の損傷（**写真-5.10**）などが着目箇所です．

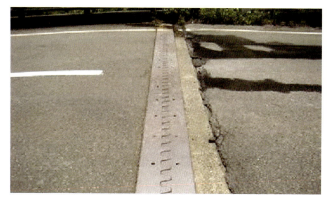

伸縮装置の遊間が異常に狭くなっている状態
写真-5.7　遊　間　異　常

5　道路橋の点検

土工部との境界で明確な段差が生じている状態
写真-5.8　路面の凹凸

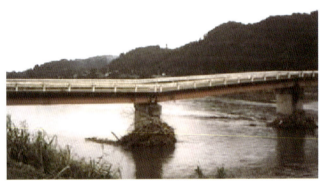

河川内の橋梁で，橋全体の変形が見られる状態
写真-5.9　沈下・移動・傾斜

舗装表面に損傷が見られる状態
写真-5.10　舗装の異常

あとがき

　今回は，橋を適宜人に例え「道路橋定期点検要領」に沿った点検のポイントを解説しました．今後，維持管理の合理化や次の診断の参考になるデータを残すことは重要ですが，患者（橋）を直接診ずに他の人が残した写真などを頼りに診断して，単に事実関係を記録しても，それは点検とは言えません．点検は直接患者を診て，健康状態を確認することなので，本書の題である「橋の点検に行こう！」をぜひ，実践してみてください．

〔参 考 文 献〕
1）国土交通省 道路局 国道・防災課：橋梁定期点検要領（2014.6）
2）（一社）日本鋼構造協会：土木鋼構造物の点検・診断・対策技術（2013）

6 橋梁点検の実例（鋼橋編）

Example of the Bridge Inspection（Part of Steel Bridge）

　本章からは，前章までに学んだ知識を生かして実際の橋梁の点検ができるように，その流れを具体的に説明します．本章は鋼橋編です．事前準備から現地における全体形状の確認，損傷の写真撮影，野帳へのメモ，損傷の評価，結果のとりまとめ，様式の作成までを，順を追って説明いたします．ぜひ，本章の例に従って，実際の身近な鋼橋の点検をしてみてください．

キーワード
橋梁点検
鋼橋
損傷評価
腐食
RC床版
点検結果記録

はじめに
6－1 橋梁点検作業の流れ
6－2 事前準備
6－2－1　点検計画
6－2－2　点検作業の準備
6－3 鋼橋の点検の実施
6－3－1　点検時の動き方
6－3－2　腐食の点検と評価
6－3－3　ボルトの点検と評価
6－3－4　疲労き裂の点検と評価
6－3－5　RC床版の点検と評価
6－4 点検結果のとりまとめ

はじめに

　前章までは，橋の基本知識，鋼橋・コンクリート橋・床版の損傷と点検のポイント，「道路橋定期点検要領（平成26年6月，国土交通省道路局）」における健全性の診断方法等についての具体的な解説でした．本章では，前掲の内容を踏まえたうえで，実際の点検から記録までの流れを，鋼橋を例にして説明します．

　「橋の点検に行こう！」ということで，いきなり現場に行っても十分な点検を行うことはできません．記録として将来有意義となる点検結果を残すためには，必要十分な事前準備を行ったうえで現場に入り，部材に近づいて安全で確実な目視を行い，ルールにのっとって目視結果を記録することが重要になります．そのための実践的教材となることを祈りつつ，稿を進めることにいたします．

6-1 橋梁点検作業の流れ

　橋梁点検作業を合理的かつ効率的に進めるためには，作業全体の流れ（図-6.1）を把握しておくことが重要になります．橋梁点検作業全体の流れを踏まえたうえで，着手〜完了までの全体の工程を計画することが重要です．

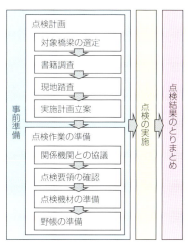

図-6.1 点検作業の流れ

6 橋梁点検の実例（鋼橋編）

6-2 事前準備

6-2-1 点検計画
（1）対象橋梁の選定
　平成26年7月から施行された省令改正により，全国すべての橋梁で5年に1回の近接目視点検が義務付けられました．よって，道路管理者の方は管理する全橋梁の点検計画（いつ，どの橋を点検するかという計画）を策定し，点検計画に従って橋梁点検を進めていく必要があります．橋梁点検を行う場合は，この点検計画に従って当該年度の対象橋梁を確認するところからスタートします．

（2）書籍調査
　次に，対象橋梁の諸元（どのような規模や形式等を有する橋なのか），過去の点検や補修の履歴等を確認します．この諸元や点検・補修履歴に応じて，点検を行う際に着目すべき部材，損傷の種類，弱点等が変わりますので，点検を行う際の予備知識として極めて重要になります．各橋梁形式に応じた着目部材・損傷等については，これまでの各章で詳述されていますので，ご確認ください．

　事前に内容を確認しておくことが望ましい書籍・資料を以下に列挙します．

- ・橋梁台帳（橋梁の諸元等）
- ・竣工図書（設計図面，設計計算書等）
- ・過去の点検結果（損傷の有無，程度等）
- ・過去の補修・補強履歴（補修・補強図面等）

（3）現地踏査
　書籍調査により対象橋梁の概略を把握した後は，実際に現地に足を運び，現地状況を確認すること（現地踏査）が重要です．この現地踏査は，点検を行うものではなく，現地の概況を把握する目的で行います．具体的には下記の事項を確認します（図-6.2）．

1）橋梁諸元の確認
　書籍調査により確認した橋梁諸元に間違いが無いかどうかを確認します．まれに架け替えられていたり，拡幅されていたりした情報が書籍や資料として残っていない場合がありますので，現地で橋梁諸元を再確認する必要があります．

2）桁下環境（交差条件，交差物件，利用状況等）
　橋梁点検の主たる作業は，橋梁の下に進入して下から上を見上げるように目視す

図-6.2　現地踏査報告の例

ることです．よって，橋梁の下に進入できることが前提条件となります．そこで，橋梁の下の環境がどうなっているか（河川，水路，渓谷，道路，鉄道，管理用地，その他更地等）を確認し，どのような手段で進入することができるのかを事前に把握しておく必要があります．また，橋梁と交差する物件を他の管理者が管理しているかどうかを把握しておくことも重要になります．

3）点検手段の確認

桁下環境を踏まえて，点検を行う際の部材への接近手段を確認します．部材へ接近する手段としては，脚立，梯子，ゴムボート，リフト車，橋梁点検車などがあり，どの手段が適しているかのおおむねの判断目安は，下記のとおりです．

① 脚立・梯子

桁下高がおおむね5.0 m以下の場合は，脚立や梯子を使用した点検が可能です．ここでの桁下高とは，現地盤から床版までの高さを指しています．ただし，例えば交差条件が河川であり水深が深い，流速が速いなど，脚立や梯子を設置することに危険が伴う場合は，この手段を選んではいけません．

② ゴムボート

水深が深く，かつ水流が遅い河川や池などでは，ゴムボートにより桁下に進入す

ることが有効です．ただし，水面から床版までの高さが高い場合などは，部材へ接近して目視することが困難ですので，有効とならない場合があります．なお，ゴムボートを使用する場合は，救命胴衣（ライフジャケット）を必ず着用するようにしてください．

③ リフト車

　桁下環境が道路や管理用地等の場合は，リフト車（高所作業車）が有効です．リフト車を使用する場合は，交差物件を占有することになりますので，必要な諸手続きと関係者への周知，安全対策（交通規制等）が必要になります．

④ 橋梁点検車

　上記のいずれの手段でも進入が困難な場合は，橋梁点検車を使用することが有効です．点検する橋梁上に橋梁点検車を配置し，橋上からブームおよびバケットを桁下に進入させることで部材に接近する方法です．なお，橋梁上に橋梁点検車を配置することになりますので，リフト車と同様の諸手続き等が必要になります．

4）損傷状況の概略を把握

　橋梁点検を効率的・合理的に行うためには，点検時に重点的に確認すべき損傷，過去から確認されている損傷など，損傷状況の概略を現地踏査で把握しておくことが有効です．

5）その他周辺環境の確認

　前述1）〜4）以外の確認事項として，橋梁の劣化・損傷に影響を及ぼしそうな環境や点検作業時に留意すべき事象を確認します．具体的には，海岸からの距離，凍結防止剤の散布状況，桁下空間の草木の繁茂状況，民家等の接近状況，作業車（移動車）の駐車スペース等になります．

（4）実施計画立案

　書籍調査結果や現地踏査結果を踏まえて，橋梁点検の実施計画を立案します．実施計画とは，おおむね下記の事項について計画を立てることになります．

1）点検実施体制

　安全で確実に橋梁点検作業を行うためには，担当者個人が単独で点検を実施してはいけません．最低でも2〜3名で点検班を構成したうえで，各自の役割分担を事前に明確にしたうえで，現場に入る必要があります．

2）工程計画

　対象橋梁に対して点検を行う順序や日程を計画します．点検順序の立案時において橋梁間の移動時間を極力小さくする，同じ手段を用いる橋梁を連続させるなどに

留意すると，橋梁点検の効率的な実施に役立ちます．

6－2－2　点検作業の準備
（1）関係機関との協議
　実施計画に基づいて着実かつ円滑に橋梁点検を進めるためには，交差物件等を管理する関係機関と事前に協議を行う必要があります．河川内に立ち入る場合は河川管理者，また，交差道路を占有する場合は道路管理者および公安関係者（警察等），その他桁下空間を利用されている方や周辺住民の方への諸手続きや事前周知を行います．

（2）点検要領の確認
　橋梁点検作業では，部材の損傷を見て写真を撮るだけではなく，損傷の規模や程度を評価したうえで，健全性を診断する必要があります．この損傷の評価や診断では，各種点検要領で基準が異なる場合がありますので，どの点検要領に準じて評価や診断を行うかということを事前に確認しておく必要があります．本稿では，「道路橋定期点検要領（平成26年6月，国土交通省道路局）」に準じた健全性の診断例を後述いたします．

（3）点検機材の準備
　点検作業の準備として，点検機材を調達する必要があります．点検機材の詳細については，前掲の2 鋼橋の損傷と点検のポイントで詳述されておりますので，ご参照ください．

（4）野帳の準備
　現地で点検した結果を漏れなく記録するためには，現地でのメモ書きが重要にな

図-6.3　野帳の記載例（鋼桁の点検）

ります．このメモ書き用紙を野帳と呼んでいます．野帳の良し悪しが作業の効率化や点検結果の精度に大きく影響しますので，しっかりとした野帳を事前に準備しておくことが重要になります．

要領で定められた記録様式の空白版を野帳に使う場合もありますが，ここでは橋梁の部材ごとの骨組み図（平面図）を野帳に使うことをお奨めします（**図-6.3**）．この骨組み図に損傷のスケッチ，損傷程度，写真番号（ファイル名），その他メモ書き等を記入することで，損傷位置も含めたすべての情報を網羅することができますので，有効です．

6-3 鋼橋の点検の実施

6-3-1 点検時の動き方

前述した事前準備を整えてから，いよいよ現地での橋梁点検を実施します．ここでは，鋼橋を対象に説明します．

まずは，点検作業の大まかな動き方を説明します（**図-6.4**）．いきなり主たる点検作業となる桁下面に進入するのではなく，橋梁全体を側面から遠望目視します．側面から橋梁を見て確認するのは，縦断勾配の状況（雨天時の雨水の流れを把握するため），下部構造の沈下や傾斜等の異常（高欄や地覆の連続性），橋歴板，塗装歴等の有無および設置位置などです．これらを確認することで，点検する橋梁に特有の損傷が発生しやすい箇所や損傷の形態等を予測します．

その後，橋面の点検を行います．全体的な通りの確認（高欄や地覆の連続性），通行車

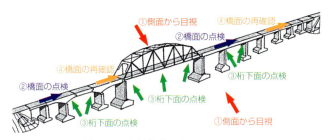

図-6.4　点検作業の大まかな動き方

両による異常音，振動，異常なたわみがないか，舗装の状況（床版陥没の兆候との関係性），伸縮装置の状況（段差，破損，遊間，騒音など）を確認します．桁下面の損傷の発生原因が橋面にあることが多いため，事前にその原因となり得る事象を把握します．

　そして，主である桁下面からの点検を行います．桁下面での点検の着目点は，後述しますのでご参照ください．

　最後に橋面の再確認を行います．桁下面の損傷状況を確認した後に，桁下の損傷位置と対応した箇所の橋面の状況確認を行います．そうすることで，当初の橋面の点検では見逃していた損傷を発見することができるとともに，桁下の損傷要因を推定するための情報も得ることができます．よって，点検作業の最終作業として橋面の再確認を行うことが，損傷の見落としを防止するための重要な手段です．

6－3－2　腐食の点検と評価

　鋼橋の代表的な損傷である鋼部材の腐食に対する点検を実施します．まず，腐食を見付けます．腐食が発生しやすい部材は，橋（主桁）の端部，支承周り，高力ボルト部，板材の角部（エッジ部）等になりますが，これらについては前掲の**2章**で詳述していますので，ご参照ください．

　腐食を見付けた場合は，その腐食の程度を評価します．「道路橋定期点検要領（平成26年6月，国土交通省道路局）」では損傷評価基準に対する記載が無いため，本稿では「橋梁定期点検要領（平成26年6月，国土交通省道路局国道・防災課）」（国土交通省および内閣府沖縄総合事務局が管理する橋梁の点検に適用されている要領）（以下，直轄要領）を参考に損傷評価を行います．

　腐食を発見した場合，まずは腐食の深さを評価します．腐食の深さとは，腐食により鋼材が著しく膨張している（板厚減少がある）か，腐食が表面的なものにとどまっているかを判断します．板厚減少がある場合には，当然作用力（荷重）に抵抗する部材の板厚が当初より減少していることになりますので，耐荷性能が低下しているおそれがあります．一方，表面的な腐食にとどまっている場合は，耐荷性能の低下はおおむね心配ありません．

　その次に，腐食の面積を評価します．着目部材の全体的（広い面積）に腐食が生じているか，小さい面積の局部的なものにとどまっているかを判断します．

　それらの腐食の深さや面積を把握したうえで，腐食が発生している部材や部位の重要性（主桁や横桁等重要部材に発生している，支間中央部に腐食が発生しているなど）を踏まえ，環境的影響による腐食の進行性（海岸に近い，桁端部は湿気が多いなど）も勘案したうえで，

表-6.1　健全性の診断区分

区分		状態
Ⅰ	健全	構造物の機能に支障が生じていない状態.
Ⅱ	予防保全段階	構造物の機能に支障が生じていないが，予防保全の観点から措置を講ずることが望ましい状態.
Ⅲ	早期措置段階	構造物の機能に支障が生じる可能性があり，早期に措置を講ずべき状態.
Ⅳ	緊急措置段階	構造物の機能に支障が生じている，または生じる可能性が著しく高く，緊急に措置を講ずべき状態.

写真-6.1　腐食の事例①

写真-6.2　腐食の事例②

　健全性の診断を行います．健全性の診断の詳細については，前掲の**5章**で詳述していますので，ご参照ください．

　写真-6.1，2を例に損傷評価と健全性の診断（**表-6.1**）を行いましょう．**写真-6.1**では，腐食は鋼材の表面のみに発生している表面さびの様相であり，板厚減少のおそれはありません．また，本橋は桁下高が大きくて草木の繁茂も無く，通気性がよい環境にあるため，放置しても早急に腐食が進行して耐荷性能に影響を与えるとは考えにくいと判断できます．よって，健全性の診断はⅠ（構造物の機能に支障が

写真-6.3 腐食部の板厚計測事例

生じていない状態）と判断してよいと考えます．ただし，長期的には塗装の塗替えを行い，防食機能を回復させる必要があることに留意する必要があります．

一方，**写真-6.2**では，腐食による膨張が顕著であり，板厚減少が生じていることは明らかです．また，腐食が生じている箇所が広範囲に及んでおり，主桁の塗装も広範囲で残存していないため，このまま放置して板厚減少や腐食範囲が拡大すると，耐荷性能が低下するおそれがあります．よって，健全性の診断はⅢ（構造物の機能に支障が生じる可能性があり，早期に措置を講ずべき状態）と判断してよいと考えます．

目視のみでは腐食の程度の評価が難しい場合は，ワイヤブラシによる腐食部の除去とノギスによる板厚計測を併用することが有効です（**写真-6.3**）．こうすることで，具体の板厚減少量を容易に確認することができるため，損傷評価や健全性の診断に資する情報を得ることができます．

6－3－3 ボルトの点検と評価

次に，鋼橋の代表的な損傷であるボルトの緩み・脱落に対する点検を実践します．ボルトが脱落する代表的な原因の1つとして，超高強度の高力ボルトの遅れ破壊がありますが，詳細は**2章**で詳述していますので，ご参照ください．

6 　橋梁点検の実例（鋼橋編）

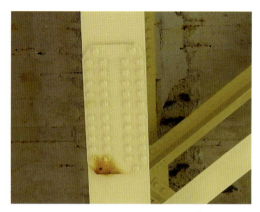

写真-6.4　ボルトの脱落事例[2]

写真-6.5　長さが極めて短い塗膜割れの事例[2]

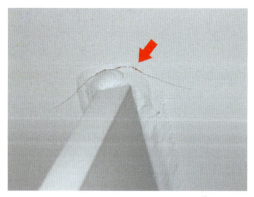

写真-6.6　線状に長いき裂の事例[2]

ボルトの緩み・脱落に対する評価は，直轄要領では一群あたりの緩み・脱落本数に着目しています．一群あたりの緩み・脱落本数が5％未満では耐荷性能に与える影響は小さいと考え，5％以上であれば慎重な検討が必要になると考えられます．

写真-6.4を例に損傷評価と健全性の診断を行いましょう．**写真-6.4**では，一群あたりのボルトの脱落本数が5％未満（1（脱落）／44（全体）＝2.3％）です．しかし，F11Tボルト（超高強度の高力ボルト）を使用していることから，今後も同様に他のボルトの脱落が発生するおそれがあります．よって，健全性の診断はⅡ（構造物の機能に支障は生じていないが，予防保全の観点から措置を講ずることが望ましい状態）と判断してよいと考えます．

6-3-4 疲労き裂の点検と評価

鋼橋の代表的な損傷である疲労き裂に対する点検を実践します．疲労き裂の発生原因や発生箇所，点検時の着目点については**2章**で詳述していますので，ご参照ください．疲労き裂を見付けるためには，溶接部の塗膜割れをまず見付けることから始まります．疲労き裂の多くは発生箇所が特定されていますので，事前に疲労き裂の特定部位を把握しておくと，要点を絞った点検が可能となります．

疲労き裂に対する評価は，直轄要領では疲労き裂（塗膜割れ）の規模や形態に着目します．長さが極めて短い（おおむね3.0 mm未満）塗膜割れ（**写真-6.5**）と，線状に長い（おおむね3.0 mm以上）塗膜割れやき裂（**写真-6.6**）では，その深刻度に大きな違いがあります．また，健全性の診断を行う際には，塗膜割れが発生している部材・部位にも着目します．例えば垂直補剛材と上フランジの接合部に塗膜割れが発生しており，かつ主部材（主桁ウェブ等）へ進展する可能性が低いと考えられる場合は，緊急性は低いと判断できます．一方，例えば明らかなき裂が鋼床版のデッキプレートに伸びており，進展すると路面陥没や舗装の損傷につながる可能性がある場合は，緊急性が高いと判断できます．

疲労き裂の評価や診断には，疲労き裂に関する高度な知識と経験が求められます．よって点検時には，まずは疲労き裂が疑われる塗膜割れの発見に尽力し，塗膜割れを見付けた場合には専門家に依頼して非破壊検査（磁粉探傷試験等）を実施するとともに，評価や診断を依頼することが望まれます．

6－3－5　RC床版の点検と評価

　鋼橋の床版にはRC床版が採用されている場合が大多数を占めます．鋼橋RC床版の代表的な損傷は床版ひび割れやひび割れからの遊離石灰であり，これらの発生原因や損傷進行過程，点検時の着目点については**4**章で詳述していますので，ご参照ください．

　床版ひび割れに対する評価は，直轄要領ではひび割れの方向性および遊離石灰の併発の有無に着目しています．RC床版の損傷進行過程はおおむね，1方向ひび割れ⇒2方向ひび割れ⇒亀甲状のひび割れ⇒ひび割れ面の角落ち，抜け落ち，の順で進行しますが，直轄要領ではまず床版ひび割れの方向性により1方向ひび割れと2方向ひび割れで区分して評価します．

　1方向ひび割れの場合の評価は，ひび割れ幅に着目し，かつ遊離石灰の併発があるほうが損傷程度は大きいと評価します．つまり，ひび割れ幅が0.05 mm以下で遊離石灰の併発がないものが最も軽微であり，次いでひび割れ幅が0.1 mm，0.2 mmと段階を踏んで程度が重くなり，ひび割れ幅0.2 mm以上の場合に遊離石灰の併発があるものが最も重いと評価します．つまり，最もひび割れ幅の大きいひび割れを代表して評価するイメージです．

　2方向ひび割れの場合の評価は，ひび割れ幅とひび割れ間隔および遊離石灰の併発の有無に応じて評価します．ひび割れ幅や遊離石灰の併発の有無は1方向ひび割れと同じイメージで損傷程度の評価をすることになりますが，2方向ひび割れであるために損傷の進行に応じて当然ひび割れ間隔が小さくなりますので，それも踏ま

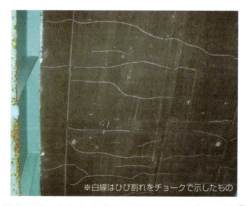

写真-6.7　1方向ひび割れ（遊離石灰なし）の事例[2]

写真-6.8　２方向ひび割れ（遊離石灰あり）の事例[2]

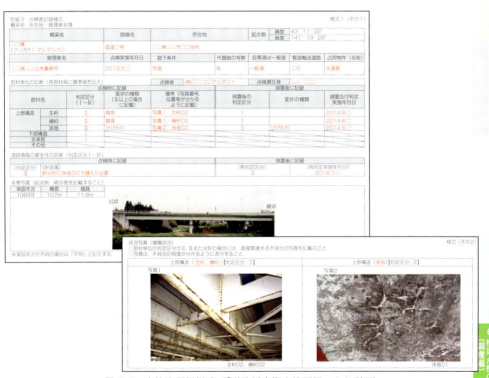

図-6.5　点検表記録様式（「道路橋定期点検要領」より引用）

えて評価を行います．２方向ひび割れの場合は，主桁・横桁で囲まれたパネル全体で損傷程度を評価するイメージです．

　写真-6.7，8を例に損傷評価と健全性の診断を行いましょう（4章の4－2参照）．

6 橋梁点検の実例（鋼橋編）

写真-6.7では，ひび割れは1方向であり，ひび割れ幅0.1 mm程度が主に発生しています．また，遊離石灰の併発はありません．よって，RC床版の損傷進行過程においては初期の段階であり，放置しても早急に損傷が進行して耐荷性能に影響を与えるとは考えにくいと判断できます．そのため，健全性の診断はⅠと判断してよいと考えます．

　一方，**写真-6.8**では，2方向ひび割れが発生しており，かつ遊離石灰の併発も見られます．ただし，ひび割れ面の角落ちまでは至っていませんので，RC床版の損傷進行過程においては中期の段階といえます．このまま放置するとひび割れ面の角落ちへと進行し，耐荷性能が低下するおそれがありますので，健全性の診断はⅢ（構造物の機能に支障が生じる可能性があり，早期に措置を講ずべき状態）と判断してよいと考えます．

6-4 点検結果のとりまとめ

　現地での近接目視点検を行った結果は，所定の記録様式でとりまとめ，蓄積しなければなりません．ここでは，「道路橋定期点検要領（平成26年6月，国土交通省道路局）」に規定されている記録様式の作成ポイントを紹介します．なお，この記録様式は最低限の情報のみを記録したものとしてご理解ください．せっかく現場に行って点検をしたのですから，その結果の記録は多いに越したことはありません．よって，例えば損傷状況をスケッチした損傷図，損傷状況のみならず健全な部材や補修済み部材の写真も記録した損傷写真帳などは，今後の維持管理において極めて重要となる資料ですので，これらも併せて作成することをお奨めします．

　では，記録様式を作成しましょう．前掲の**図-6.5**を参照してください．まず，様式（その1）の上段の部分は対象橋梁の諸元を記入する箇所になりますので，前掲の**6-2 事前準備**の段階で作成することが可能です．よって，書籍調査や現地踏査結果等を基にして，早い段階から作成しておくことが望まれます．また，下段の全景写真も同様ですので，現地踏査時に橋梁の全景写真を撮影しておくことが，作業の効率化につながります．

　次に主たる記録となる「部材単位の診断」ですが，ここには前掲の**6-3 鋼橋**

の点検の実施で実施した健全性の診断において，部材単位での最悪値を記入することになります．併せて，診断結果に対応した変状の種類（損傷の種類）も記入しましょう．

　最後に，様式（その2）において代表的な損傷写真を記録します．損傷写真を撮影する際の留意点を以下に列挙します．

- 損傷状況が分かりやすいように，適切な縮尺で撮影する（拡大写真になり過ぎないように注意する）．
- 局部的かつ深刻な損傷は，損傷位置が分かる部材全景写真と，損傷の詳細が分かる拡大写真を併載する．
- 過去の点検で記録されている損傷は，極力同じアングルで撮影する．

おわりに

　橋梁点検は，橋梁の専門家でなければ敷居が高いように感じるかも知れません．しかしながら，橋梁点検という作業は，経験値が蓄積されるほどスキルが向上し，かつ橋を診る目が日々肥えていくことが如実に現れる作業だと思います．現場で土埃にまみれながら損傷を見付け，損傷を計測し，何でこんな所にこんな損傷が生じるのだろう，こんな損傷が生じて橋は大丈夫なのだろうか，どうやって直すのが適しているのだろうかなど，日々疑問と闘いながら経験を積み重ねていくことが重要だと思います．また，橋梁点検を通じてこのような疑問を抱くこと自体が，スキル向上に直結する行為だと信じています．

　日本の高度経済成長や，その成果としての現在の利便性を支えている社会インフラの代表格である橋梁に対し，将来の世代にも今以上の利便性を引き継いでいくために，本書が"橋の点検に行こう！"というきっかけになってくれれば，これほど幸いなことはありません．

7 橋梁点検の実例（コンクリート橋編）

Example of Bridge Inspection（Part of Concrete Bridge）

　「橋の点検に行こう！」もいよいよ最終章です．本章はコンクリート橋の点検の実践編です．コンクリート橋は"内部が見えない"という点が鋼橋との大きな違いとなります．どこに鉄筋が入っているか，どこにPC鋼材が入っているかなど，事前に内部の情報を確認しておくことが非常に重要です．外面から見える部分の情報から，内部の損傷や劣化を推測しなければいけません．その流れを具体的に説明します．

キーワード　橋梁点検
　　　　　　　コンクリート橋
　　　　　　　損傷評価
　　　　　　　耐荷力
　　　　　　　劣化

は じ め に
7－1 点 検 計 画
7－2 コンクリート橋の点検の実施
　7－2－1　コンクリート橋の特徴
　7－2－2　点検時の動き方
　7－2－3　コンクリート橋の点検の実施
7－3 点検結果のとりまとめ

はじめに

「橋の点検に行こう！」の最終章では，コンクリート橋に関する点検の実例について説明します．

このシリーズでは，3章で「**コンクリート橋の点検のポイント**」，4章で「**コンクリート床版等の点検のポイント**」とコンクリート橋・部材に対する損傷メカニズムや点検の着目点に関する説明がありました．

ここでは橋梁点検の実例として，点検時には損傷からどのような情報を得ようとしているのか，損傷評価を用いて説明します．点検は単純に損傷を記録するだけではなく，損傷原因の把握，損傷の進行予測，見えない部分の損傷状況の推定などを併せて行うことで，その記録である点検調書が今後の維持管理に有効な資料となります．

コンクリート橋では，コンクリート内部が目視できないという特性があるため，点検時に想像力を働かせ，また，その想像力を発揮するために内部はどうなっているのか，進行するとどのような損傷になるのか等の予備知識が必要となりますので，併せて説明します．

7-1 点 検 計 画

点検計画については本書6章の「**橋梁点検の実例（鋼橋編）**」で紹介されています．事前準備に関しては，鋼橋編とほとんど同じなので，6章を参照してください．鋼橋と異なる点としては，後述するようにコンクリート橋の点検では外観から見えない内部の鉄筋位置，PC鋼材位置が重要となりますので，設計図面で確認してください．

そこで，今回は維持管理サイクルにおける点検の役割を明確にすることで，点検の現地作業が効率的な維持管理作業になりうること，点検調書の作成が将来の有効な維持管理資料になりうることを説明します．

まず重要なことは点検要領を理解し，点検で取得できるデータ項目・内容を把握

することです．点検は，要領に定められた項目について，様式に従って整理するものであり，逆に言うとそれ以外のデータは取得しません．

維持管理サイクルにおける点検の次のステップとしては，詳細調査・補修設計・補修工事等が考えられますが，点検で対象物にせっかく近接するのですから，点検時にやれることをやっておくことが効率的な維持管理となります．

例えば，ASR（アルカリシリカ反応）による損傷が発生していることが分かっている箇所については，必要な詳細調査を併せて実施するなどです．

このように，維持管理サイクル全体を考えて，点検時に抱き合わせて作業を行うことで，維持管理費用の縮減や施設の安全性向上につながることがありますので，点検を有効に活用することが望まれます．

7-2 コンクリート橋の点検の実施

7－2－1 コンクリート橋の特徴

橋梁点検を実施する場合にコンクリート橋の特徴として把握しておく必要がある項目は以下の2点です．

- コンクリート内部は直接目視できないが，重要な部材が配置されている．
- 損傷要因がコンクリート内部に蓄積し，損傷が進行する．

点検は基本的に目視で行うことにしていますが，コンクリート部材の内部は，鉄筋やPCケーブルなどの構造上重要な補強材が配置されており，直接目視することはできません．

また，塩害・ASR・中性化等の損傷要因はコンクリート内部で蓄積・進行し，ひび割れなどの目視で分かる損傷として現れたときには，著しい損傷となっている場合があります．

コンクリート橋の維持管理では，直接目視できない内部の状況を推定することが重要となり，また，点検要領もこれをある程度誘導するような仕組みになっていますので，以降に紹介します．

７－２－２　点検時の動き方

　点検作業の大まかな動き方は鋼橋と同じです．まず，橋梁全体を側面や正面から遠望目視して，縦断勾配や横断勾配の状況，下部構造の沈下や傾斜などの全体の変状を確認します．その次に橋面の点検を行い，桁下からの点検を行った後，再び橋面の点検を行います．

　舗装面の損傷，特にひび割れ部に白い石灰が析出している場合は，舗装直下のコンクリートが損傷している可能性がありますので，橋面の状況と桁下の状況をよく確認する必要があります．

７－２－３　コンクリート橋の点検の実施

　ここでは，点検で把握したいことについて点検要領の損傷評価を用いて説明します．橋梁点検は損傷状況を記録するとともに，直接目視できない箇所の損傷の推定，耐荷力低下に関する影響等も併せて確認しようとしています．そこで，統計的分析により劣化特性などを評価するために，点検要領ではあらかじめ定められた損傷評価が用いられ，客観性のある統一的な手法が示されています．

　なお，「道路橋定期点検要領（平成26年6月，国土交通省道路局）」（以下，自治体要領）では損傷評価基準に対する記載がないため，ここでは「橋梁定期点検要領（平成26年6月，国土交通省道路局国道・防災課）」（国土交通省および内閣府沖縄総合事務局が管理する橋梁の点検に適用されている要領）（以下，直轄要領）を参考に損傷評価を行います．点検時の損傷の判定方法については，自治体版点検要領「付録２」に写真とともに多くの事例が載せられていますので，ご参照ください．

　以下では，コンクリート橋の代表的な損傷を抽出し，健全性の診断（**表-7.1**）を行いながら，点検・診断の流れを説明したいと思います．

表-7.1　判 定 区 分

区分		状態
Ⅰ	健全	構造物の機能に支障が生じていない状態．
Ⅱ	予防保全段階	構造物の機能に支障が生じていないが，予防保全の観点から措置を講ずることが望ましい状態．
Ⅲ	早期措置段階	構造物の機能に支障が生じる可能性があり，早期に措置を講ずべき状態．
Ⅳ	緊急措置段階	構造物の機能に支障が生じている，または生じる可能性が著しく高く，緊急に措置を講ずべき状態．

7 橋梁点検の実例（コンクリート橋編）

（1）剥離・鉄筋露出

「剥離・鉄筋露出」は，コンクリートの剥離，内部の鋼材が露出しているかを確認するとともに，その腐食状況までも確認することとしています．腐食状況は「軽微」であるか，「著しい腐食または破断」しているかを判断します．

これは，損傷が耐荷力の低下につながる損傷であるかを確認するため，コンクリートの内部に配置されている補強材である鉄筋等が断面欠損していると，耐荷力に影響が大きいと考えられます．

損傷の名称からはコンクリートが剥離しているか，鉄筋が露出しているかを確認するだけのように思われますが，点検要領では「損傷が耐荷力に及ぼす影響」についても評価することとしています．他の損傷項目についてもこのような観点で，点検で何を確認しようとしているのか，どこまで把握することができるのかを考えていくことが必要です．

写真-7.1は，RC床版橋主版のコンクリート剥離・鉄筋露出の状況です．鉄筋が腐食により膨張し，かぶり部が大きく剥離することで断面欠損していることが認められます．耐荷力に影響がある状況と考えられますので，損傷の部位にもよりますが，健全性の診断はⅢ（構造物の機能に支障が生じる可能性があり，早期に措置を講ずべき状態）と判断してよいと考えます．

写真-7.1 RC橋の剥離・鉄筋露出

（2）漏水・遊離石灰

「漏水・遊離石灰」は，ひび割れから漏水・遊離石灰があるかを確認するとともに，さび汁・泥の混入を確認します．さび汁や泥は混入しているか，また，著しい混入であるかを判断します．

さび汁の場合は，コンクリート内部に配置されている鉄筋などの鋼材が腐食しているかを推定するためのもので，直接目視できないコンクリート内部の損傷状況を推定するとともに，やはり，耐荷力の低下についてその可能性を把握しようとするものです．

泥が混入している場合は，漏水が発生している上のコンクリートが損傷して泥化している場合があり，それを確認します．例としては，鋼橋のRC床版等で塩害や輪荷重の繰返し作用の影響で床版上面が損傷している場合，床版下面に貫通ひび割れから泥を含む漏水が確認される場合があります．

写真-7.2は，PC床版橋プレキャスト桁の間詰め部から漏水等の損傷が発生している状況です．この写真から目視できる損傷としては，「漏水・遊離石灰・さび汁（泥）」です．テストハンマを用いればコンクリートの浮きがあるか確認できます．茶色の物質がさびなのか泥なのかを見極め，内部の損傷状況を推定することが必要です．また，泥の場合は舗装直下のコンクリートが土砂化している可能性があり，舗装の異常（ひび割れやポットホールなど）も併せて確認していくことが有効です．

この場合，ひび割れからの遊離石灰は確認できますが，ひび割れは著しいもので

写真-7.2　間詰め床版の漏水・遊離石灰

はなく，間詰め床版の脱落の可能性がまだ低いと考えられますので，健全性はⅡ
（構造物の機能に支障が生じていないが，予防保全の観点から措置を講ずることが望ましい状態）と判断
してよいと考えます．

（3）舗装の異常

「舗装の異常」は，舗装の損傷を指標に舗装下の床版等の損傷状況を推定するためのものです．

コンクリート床版では，塩害（凍結防止剤）による上面鉄筋の腐食，輪荷重の繰返

写真-7.3　舗装のひび割れ，泥の噴出

写真-7.4　調整コンクリートの損傷

し作用によるかぶりコンクリートの劣化により，コンクリートが土砂化・泥状化することがあります．

損傷の評価は，舗装のひび割れ，舗装下のコンクリートの土砂化の有無により判定することとしています．また，ポットホールの補修跡についても，床版が損傷している可能性があることから舗装の異常として扱います．

舗装のひび割れは，ひび割れがあるか，また，幅が5mm以上であるかを指標とします．土砂化の有無については，ポットホールがある場合を除いて直接コンクリートを目視できないため，舗装面の損傷状況から推定します．要領には具体的に示されていませんが，ひび割れが亀甲状になり，ひび割れから泥の噴出や白い石灰の析出がある場合にコンクリートが土砂化している可能性があります．

写真-7.3は，舗装面に発生した幅5mm以上のひび割れです．走行わだち位置に亀甲状のひび割れが発生し，ひび割れに沿って白い粉状のものが噴出しています．舗装は走行安全性を確保できない状況ではありませんし，ひび割れ範囲も狭いので見落としてしまいそうですが，内部のコンクリートが土砂化していることが想定される損傷です．

この場合，放置すると床版の劣化が進行し，舗装の陥没や床版の突然の抜け落ち事故に至る可能性も否定できませんので，「詳細調査が必要な事例」と判断します．

写真-7.4は，詳細調査のため**写真-7.3**の舗装をはがしてコンクリートの状況を確認したものです．走行わだちに沿ってコンクリートのひび割れ・剥離が進行し，部分的に泥化しているのが分かります．路面のひび割れに発生していた白い泥状のものは，泥化したコンクリートが舗装のひび割れから噴出し，乾燥して白く見えているものと考えられますので，早急な対策が必要となります．

点検時に，上記のような舗装ひび割れ・泥の噴出等がある場合，舗装下ではこのような損傷に至っている場合があるという認識が必要です．

この損傷は放置しておくと，路面のポットホールにつながり一般車両の走行安全性が確保できないとともに，コンクリート土砂化が進行し，内部の鋼材腐食に進展します．

（4）補修・補強材の損傷

「補修・補強材の損傷」は，過去に損傷した箇所の補修対策や耐震・耐荷力対策等で実施した補強箇所が損傷している場合に適用します．

点検準備の段階で，橋梁台帳や過年度の点検結果を確認しますが，併せて過去の補修・補強履歴を調査し，点検を行う際の着目箇所として整理しておくことが重要

です.

　損傷評価は，材料により分類して行うことにしており，ここでは「コンクリート系」を対象として説明します.

　コンクリート系の損傷評価は，補強されたコンクリート部材から漏水・遊離石灰が発生しているか，また，それが大量に発生しているかで判断することにしています.

　さらに，補強材自体に損傷がある場合は，それが軽微であるか著しいものであるかにより判断してよいと考えます．要領では損傷について具体的な名称を示していませんが，コンクリート部材の損傷として，ひび割れや剥離・鉄筋露出などが考えられます.

　このように，補修・補強されていない箇所ではそれぞれの損傷項目として計上しますが，同じ損傷でも補修・補強された箇所が再損傷している場合は補修・補強材の損傷として計上します.

　写真-7.5は，RCT桁の断面修復が再損傷した状況です．鉄筋より上側のコンクリートに骨材が入っており，下側は骨材が無いモルタルであることが分かります．補修の記録が無い場合でも，このように補修の有無を見分けることが可能な場合があります.

　漏水・遊離石灰は発生していませんが，補修モルタルを含むコンクリートの剥離，鉄筋の断面欠損が進行していますので，損傷の進行が著しいと判断します.

写真-7.5　塩害による補修箇所の再損傷

この橋は海岸線に近い位置にあり，塩害により損傷を受けています．過年度に，塩害による鉄筋腐食，かぶりコンクリートの剥離があり，モルタルで断面修復が実施されたものと想定できます．その後，補修内部の鉄筋腐食が進行し，さらに損傷が進行したものです．

この事例は補修・補強部材の損傷ではありますが，元の主桁断面の主鉄筋に著しい腐食が見られます．主鉄筋が破断している可能性もありますので，健全度の診断としては**表-7.1**のⅣ（構造物の機能に支障が生じている，または生じる可能性が高く，緊急に措置を講ずべき状態）と判断してよいと考えます．

断面修復により補修すると外観上安心してしまいますが，塩分がコンクリート内部に蓄積した状態で損傷原因を排除しないまま補修対策を実施すると，ひび割れやコンクリートの剥離など，外観上把握できる損傷となった時点では，このように内部の鉄筋の損傷が致命的なまでに進行してしまうことがあります．

逆に言うと，塩害橋梁で断面修復されている橋梁があった場合，外観上問題が無くても，適切な補修工法が選定されているか，内部で腐食等の損傷が進行していないか疑ってみる必要があります．

（5）ひ び 割 れ

コンクリート表面にひび割れが発生している場合に記録の対象とします．「ひび割れ」は，ひび割れ幅とひび割れ間隔に着目して損傷評価を行い，併せてその発生形態を示す損傷パターン区分を記録することとしています．

ひび割れ幅は，幅が大きいほど損傷が進行していると考えられることから最大ひび割れ幅に着目し，ひび割れ間隔は間隔が狭いほど密にひび割れが発生していると考えられることから最小ひび割れ間隔に着目しています．さらに，PC構造とRC構造で評価基準を変えて（例えばひび割れ幅が大きいとは，RC構造では0.3 mm以上，PC構造では0.2 mm以上）おり，同じひび割れでも受けているダメージが異なることを評価しようとしています．

また，損傷パターン区分は，ひび割れが発生している部材，位置，方向，形状などにより区分され，原因推定や耐荷力への影響を評価しようとしています．例えば「主桁支間中央部に発生する主桁直角方向のひび割れ」は，支間中央部は曲げが卓越する部位で，直角方向のひび割れは引張により生じたひび割れであることが推定できます．このパターンのひび割れがある場合は，曲げに対する耐荷力に懸念があることが想定されます．

一方，ASR（アルカリシリカ反応）によるひび割れは，亀甲状の形状を示す特殊なも

ので，ひび割れパターンも「亀甲状，くものす状のひび割れ」として，分類しています．

　以下に，ASRによる下部構造の損傷例を示します．コンクリート表面の目視に加え詳細調査で内部の状況を確認した事例であり，表面のひび割れ等の状況から内部損傷の状況を推定するための参考としてください．

　写真-7.6は，河川内の橋脚梁部に発生したひび割れの例です．ひび割れは亀甲状で白い析出物を伴っています．また，ひび割れ幅は 0.3 mm 程度が主体でした

写真-7.6　ASRにより損傷した橋脚

写真-7.7　ASRによる鉄筋の破断

が，橋脚天端に近い部分では5 mm程度の大きなひび割れが発生していました．これらの損傷状況から，ASRが原因であると推測されます．

　この事例は「詳細調査が必要な事例」と判断してよいと考えますが，ASRについては専門的な知識が必要となりますので，専門家による詳細調査を検討してください．この例では，ひび割れ幅が大きいことからコンクリートの膨張による内部鉄筋の破断や水の浸入による腐食が懸念され，かぶりコンクリートを撤去し内部の状況を確認する調査を実施しています．写真の赤囲い中の四角い白い箇所は，コンクリートのはつり調査を実施してポリマーセメントで埋め戻した跡です．

　写真-7.7は，橋脚天端付近のひび割れ幅の大きい箇所でコンクリートをはつった状況です．コンクリート内部の鉄筋が破断しているのが確認できます．外観目視では判断できませんが，**写真-7.6**のようにひび割れが進展していれば，鉄筋が破断している可能性があります．

7-3　点検結果のとりまとめ

　点検結果のとりまとめ方法についても，鋼橋とほとんど同じですので，詳細については**6章**を参照してください．「道路橋定期点検要領（平成26年6月，国土交通省道路局）」に規定されている記録様式に沿って作成したコンクリート橋の点検結果（記入例）を**図-7.1**に示します．

　なお，**図-7.1**は前述の流れに従って作成した記録様式の記入例で，診断結果や記入内容は基準とならないことをご留意ください．

7 橋梁点検の実例（コンクリート橋編）

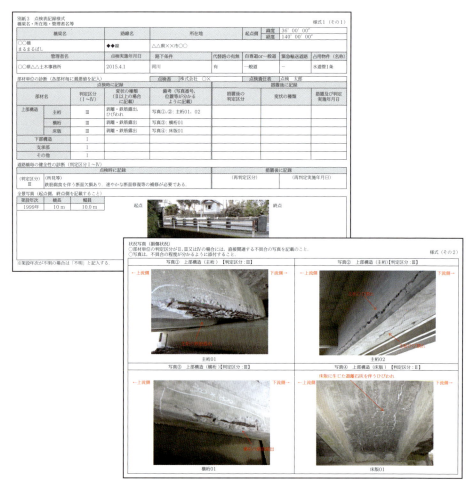

図-7.1 点検記録様式の記入例

おわりに

　点検要領では，直接目視できないコンクリート内部の損傷について，外観から確認できる損傷を用いて客観的に評価しようとする構成になっています．ここでは，それを補足するため，外観損傷状況とコンクリート内部の損傷状況の事例も紹介しました．今後実施される橋梁点検の予備知識の一つとなれば幸いです．

　さて，「橋の点検に行こう！」の最後となりました．タイトルどおりですが，点検初心者の方が点検を習得していくには，現場に行くことが近道です．

現場に行った人が行っていない人に写真で損傷状況を説明する場合，うまく伝わらないことがあります．現場に行った人は肌で感じていることが前提となっており，聞いているほうはピンとこないという例です．

本書でも説明しきれない感覚を，ぜひ，現場に行って肌で感じ取ってきてください．

〔参 考 文 献〕
1）国土交通省道路局国道・防災課：橋梁定期点検要領（平成26年6月）
2）国土交通省国土技術政策総合研究所：道路橋の定期点検に関する参考資料（2013年版）－橋梁損傷評価事例集－（平成25年7月）

あとがき

　平成26年7月の橋梁点検の義務化から2年近くが経過しました．これを機に，初めて橋梁点検に携わる方も多数いらっしゃるのではないかと思います．本書は，そのような方々の参考となる資料となることを願い，専門誌「橋梁と基礎」の編集委員会で企画し，専門家の方々に執筆を依頼して完成，出版したものです．少し，難しくなってしまった部分もあるかもしれませんが，できるだけ簡易な表現となるように努めました．

　これから，橋をはじめとするインフラストラクチャーはさらに年を重ね，その点検はますます重要性を増していくものと思います．本書が，インフラストラクチャーの維持管理に携わる皆様，これから携わろうとする皆様の一助となることを願ってやみません．

　最後に，本書をご執筆いただいた皆様，本書の発行にご尽力いただきました皆様に謝意を表したいと思います．ありがとうございました．

索　引

■あ行

RC 橋　　12
RC 床版　　67, 100, 108
I 桁　　9
アスファルト舗装　　61, 73
アルカリシリカ反応　　55, 63
アンカーボルト　　34
安全帯　　77, 78
異形鉄筋　　62
異常時点検　　29, 44
1 方向ひび割れ　　100
異方性　　63
上床版　　14
ウェブ　　10, 14, 34, 99
ウェブギャップ板　　40
内ケーブル　　14
打継ぎ部　　13, 53
打ち継目　　68, 70
上沓　　38, 39
ASR　　113, 114
F11T　　99
塩害　　47, 110, 113
遠望目視　　29, 94, 107
遠望目視点検　　29
応力　　6
遅れ破壊　　34, 97
押抜きせん断　　64
温度ひび割れ　　45

■か行

開断面リブ　　65
角落ち　　64, 102
過積載　　65
過積載車両　　62
ガセット　　40, 41, 85
活荷重　　16, 68
下部構造　　4, 16, 56, 82
かぶりコンクリート　　68
完全溶込み溶接　　35
乾燥収縮　　63
基礎　　16, 56
脚立　　91
救命胴衣　　92

橋脚　　3, 16, 56
橋台　　16
橋長　　5
橋梁台帳　　90
橋梁定期点検要領　　80, 107
橋梁点検車　　79, 92
橋歴板　　94
記録様式　　102, 116
緊急措置段階　　81
緊急点検　　29
近接目視　　29, 90
杭基礎　　16, 57
グラウト　　13, 52, 54
ケーソン基礎　　16
桁下環境　　90, 91, 92
桁端　　18, 32, 34
桁端切欠き　　39, 40
桁橋　　9
検査路　　79
健全性　　81, 93
現地踏査　　31, 90, 91
鋼 I 桁橋　　6
鋼橋　　6, 7, 38, 94
鋼床版　　61, 64, 71, 99
高所作業車　　17, 78, 79, 92
合成桁　　73
鋼製支承　　4
合成床版　　61, 65, 66
鋼製伸縮装置　　5, 41
高力ボルト　　7, 34, 99
コールドジョイント　　45
骨材化　　63
ゴムジョイント　　5
ゴム支承　　4
ゴムボート　　91, 92
コンクリート橋　　6, 48, 106
コンクリート床板　　62

■さ行

最小ひび割れ間隔　　113
材料劣化　　63
さび汁　　37
酸欠　　78
シース　　52, 53

死荷重　　16
支間　　5
支承　　4, 34, 38, 50, 82
支承部　　51, 82
下床版　　14
止端き裂　　35
沓　　4
主桁　　3, 82
主鉄筋　　61
竣工図書　　90
上縁定着部　　52, 53
床版　　3, 61, 66, 82
床版厚　　62
床版横締め　　14, 53
上部構造　　4, 7, 82
初回点検　　29
書籍調査　　90
書類調査　　30
伸縮装置　　5, 52
スカラップ　　65
砂すじ　　45
スリット　　65
ぜい性破壊　　34
切削除去　　35
セットボルト　　38, 39
洗掘　　57
せん断変形　　6
早期措置段階　　81, 96
ソールプレート　　39
外ケーブル　　14
損傷写真　　103

■た行

対傾構　　3, 34, 39
耐候性鋼材　　9
滞水　　32
縦リブ　　64, 65
たわみ変形　　6
単純桁橋　　6
中性化　　45, 63
直接基礎　　16, 57
T桁橋　　14
定期点検　　29, 44, 78, 81
テストハンマ　　34, 48, 109
デッキプレート　　65
鉄筋コンクリート床版　　61
鉄筋露出　　108
点検計画　　90

点検装備　　31, 77
道路橋示方書　　35, 65
道路橋定期点検要領　　77, 80, 93, 107
道路橋点検要領　　17
特定点検　　44
土砂化　　62, 111
塗装歴　　94
塗膜割れ　　35, 37, 71, 99
トラフリブ　　65

■な行

日常点検　　29, 44
2方向ひび割れ　　63, 100
抜け落ち　　63, 111

■は行

配力鉄筋　　61, 62
剥離　　108
箱桁　　9, 13
梯子　　91
場所打ち床版　　61, 69
バルブリブ　　65
板厚減少　　95
反射チョッキ　　78
PC橋　　6, 12, 52
PC鋼棒　　54
PC床版　　69
PC T桁　　70
PC箱桁橋　　14
ひび割れ　　113
ひび割れ間隔　　113
ひび割れ幅　　113
平リブ　　65
疲労強度　　35
疲労き裂　　34, 65, 71, 99
疲労設計指針　　35, 42, 65
疲労破面　　35
疲労劣化　　63
フーチング　　16, 57
幅員　　5
複合構造　　7
複鉄筋断面　　62
腐食　　18, 95
腐食の深さ　　95
腐食の面積　　95
付属物　　41, 78
フランジ　　10, 14
プレキャスト床版　　61, 69, 70

プレストレストコンクリート　　6
プレストレストコンクリート床版　　61
プレテンションPC床版橋　　54
プレテンション方式　　12
変状　　82, 83
防水層　　61
ボールカメラ　　29
ポストテンションT桁橋　　52
ポストテンション方式　　12
舗装の陥没　　111
ポットホール　　69, 109, 111
ボルト　　34, 97, 99

■ま行

曲げひび割れ　　49, 63
曲げモーメント　　10
間詰め　　109
間詰めコンクリート　　14, 52
間詰め床版　　70, 71
豆板　　45
面外ガセット　　40, 41

■や行

野帳　　31, 93
誘導員　　78
遊離石灰　　62, 102, 109, 112, 116
溶接　　7
溶接欠陥　　36
溶接継手　　35
溶接割れ　　36
横桁　　3, 14, 40, 82
横桁定着　　53
横構　　3, 34, 40
横締めケーブル　　14
横リブ　　64
予防保全段階　　81

■ら行

ライフジャケット　　92
リフト車　　92
リベット　　7
輪荷重走行試験　　66
臨時点検　　29
ルートき裂　　35
連続桁橋　　6
漏水　　52, 109

初心者のための橋梁点検講座 橋の点検に行こう！

2016年 4 月 1 日　初版第 1 刷発行

編　者　「橋梁と基礎」編集委員会
発行者　高橋 功
発行所　株式会社 建設図書
　　　　〒101-0021
　　　　東京都千代田区外神田2-2-17　共同ビル 6 階
　　　　電話 03-3255-6684
　　　　http://www.kensetutosho.com

著作権法の定める範囲を超えて，本書の一部または全部を無断で複製することを禁じます．
また，著作権者の許可なく譲渡・転売・出版・送信することを禁じます．

装　丁　株式会社 リポグラム
製　作　株式会社 キャスティング・エー

ISBN978-4-87459-219-9　　　　　21642000　　　　Printed in Japan